蜂产品与人类健康零距离丛书

蜂花粉
与人类健康
（第2版）

彭文君　丛书主编
韩胜明　石艳丽　编　著

U0256355

中国农业出版社
北　京

序一　蜂产品——人类健康之友

　　蜜蜂产品作为纯天然的保健食品和广谱性祛病良药，经历了上千年的市场淘沙而越来越被深入地研究和珍视。在国外，蜂产品更被人们所珍爱。欧洲国家将蜂产品作为改善食品，美国将蜂产品定义为健康食品，日本更是蜂产品消费的"超级大国"，蜂产品被视作功能食品和嗜好性产品。我国饲养蜜蜂的历史有几千年了，早在两汉时期，蜂蜜、花粉、蜂幼虫等就被当作贡品或孝敬老人的珍品，古典医著《神农本草经》《本草纲目》等均对蜂产品给予了极高的评价，将其列为上品药加以珍视。

　　随着社会的发展、科技的进步以及人们生活水平的提高，食品安全、营养健康日益成为全社会所关注的焦点。根据世界卫生组织的数据显示，世界70%的人群处于非健康或亚健康状态，因此有经济学家预言21世纪最大的产业将是健康产业。目前市场上营养保健食品种类繁多，而真正经得起历史和市场考验的产品寥寥无几。蜂产品就是最佳的选择之一。

　　近年来，广大消费者对蜂产品越来越青睐，对蜂产品知识也有了一定的认知，但还存在不少盲区乃至误区。食用蜂产品需要从最基础的知识开始了解，包括产品的定义、成分、功效、食用方法，以及对应的症状等，还应掌握产品的真假辨别方法。《蜂产品与人类健康零距离》丛书就是在上述背景下，由长期从事蜂产品研发、生产、加工、销售等各方面工作的行业精英组织编写而成的。根据各自亲身实践，学习并广泛吸取中外成功经验和经典理论，对蜜蜂产品分门别类，从其来源、生产、成分、性质、保存、应用以及质量检验和安全等方面进行论述，比较全面、客观、真实地向公众展示蜂产品及其制品的保健和医疗价值，正确评价和甄别蜂产品质量的优劣与真伪。此丛书是一套科学严谨、简洁易懂、可读性强、实用性强的蜂产品科学消费知识的科普读物。

　　真心祝贺该书著者为我国蜂产品的应用所做出的贡献，希望为您的健康长寿带来福音。

中国农业科学院原院长
国务院扶贫办原主任　　吕飞杰

序　二

　　我是蜜蜂科学工作者，对蜜蜂及其产品情有独钟。回想大学时学习的养蜂学、蜂产品学等课程，主要介绍的都是基础理论，很少见到具有实用性、趣味性的章节。从事科研工作以来，一直期望在科普世界里，能出现一些介绍蜜蜂及其产品的书刊。2011年中国农业出版社生活文教出版分社启动了《蜂产品与人类健康零距离》丛书的编撰工作，本人作为国家农业产业技术体系蜂产品加工岗位专家，能有幸组织全国长期从事蜂产品研究和养蜂一线的部分专家参与到此项工作中，试图在我们科研实践的基础上，用通俗易懂的语言，逐步揭示蜜蜂世界的奥秘，揭开蜂产品与人类健康的神秘面纱。

　　在漫长的人类发展史中，健康与长寿一直是人们向往和追求的美好愿望，远古时代的先人在长期生产生活和医疗实践中，有意识地尝试各种养生保健方式，其中形成了独特的蜜蜂文化和蜂产品养生方式。

　　蜂产品作为人类最有效的天然营养保健品，已有5 000多年的历史。古罗马、古希腊、古埃及以及中国古代上流社会都把蜂蜜作为珍品使用，并且在古代药方中经常能见到蜂产品的身影。古埃及的医生将蜂蜜和油脂混合，加上棉花纤维制成软膏，涂在伤口上以防腐烂；在《圣经》《古兰经》《犹太法典》中都有蜂王浆制成药物的记载；1 800年前，张仲景所著《伤寒论》中将蜂蜜用于治病方剂，并发现蜂蜜治疗便秘效果良好；我国明朝时期医药学家李时珍著《本草纲目》中对蜂蜜的功效做了深入的论述，推荐用蜂蜜治病的处方有20余种，称蜂蜜"生则性凉，故能清热；熟则性温，故能补中；甘而和平，故能解毒；……久服强志清身，不老延年"。我国医学、营养保健专家对长寿职业进行调查并排序，其中养蜂者居第一位，第二至第十位分别为现代农民、音乐工作者、书画家、演艺人员、医务人员、体育工作者、园艺工作者、考古学家、和尚。因此，在5 000多年的人类历史长河中，蜂产品为人类在保健养生方面做出了不少有益贡献。

我国是世界养蜂大国、蜂产品生产大国、蜂产品出口大国，也是蜂产品的消费大国。随着我国国民经济快速发展和人民生活水平不断提高，蜜蜂产品早已进入寻常百姓家，日益受到广大群众和社会各界人士的关注。越来越多的人开始认识蜂产品，使用蜂产品，并享受蜂产品带来的益处。数以万计的蜂产品使用者的实践证明，蜂产品能为人类提供较为全面的营养，对患者有一定辅疗作用，可改善亚健康人群的身体状况，提高人体免疫调节能力，抗疲劳、延缓衰老、延长寿命，是大自然赐予人类的天然营养保健佳品。

在编撰本书的过程中，我想说的倒不是蜂产品有多么神奇，如何有疗效，我想强调的是它的纯天然。不管是蜂蜜、花粉或是蜂王浆、蜂胶，它们无一例外都是蜜蜂采自天然植物，经过反复酿造而成的。正因为它的天然才让人吃得更放心。我从事蜂产品研究工作多年，知道它是好东西，所以愿意和您一同分享，让您做自己"最好的保健医生"。但愿营养全面、功效多样的蜜蜂产品，带给您健康长寿、青春永驻、幸福快乐！是为序。

彭文君

目　录

第一章

带你认识蜂花粉

蜜蜂在地球上已生存进化了1.4亿多年，它们在同大自然的长期生存斗争与进化中发现了它们的食物——花粉。花粉是种子植物生命的源泉，含有丰富的营养物质，被蜜蜂采集后成为蜂花粉，蜂花粉为蜜蜂个体的生长发育和群体繁殖提供了多种必需的营养物质。

越来越多的研究表明，蜂花粉富含丰富的蛋白质、氨基酸、维生素、蜂花粉素、微量元素、活性酶、黄酮类化合物、脂类、核酸、芸苔素、植酸等，其中氨基酸含量及比例是最接近联合国粮农组织（FAO）推荐的氨基酸模式，这在天然食品中极其少见。蜂花粉几乎含有人体所必需的一切营养物质，具有极高的营养和保健价值，它享有"最理想天然营养宝库""超浓缩天然药库""内服化妆品""浓缩的氨基酸"等美称，是人类天然食品中的瑰宝。

第一节 花粉与蜂花粉的基本概念

一、花粉的概念

植物在地球生物圈中占据了绝大部分，从一望无际的草原森林到广阔的江河湖海，从赤日炎炎的沙漠到冰雪覆盖的极地，处处都有植物的踪迹。种子植物 spermatophyte（s）别称显花植物，是植物界中最进化的种类，是现今地球表面的绿色主体。种子植物通过受孕形成种子进行繁衍，在这一繁殖过程中形成了具有雄性配子体的特别结构体，人们称其为花粉（Pollen）。

在鲜花盛开的时候，你如果用手轻轻触摸花朵上的花蕊，手上就会沾上数不清的粉末，这些粉末就是一种花粉。花粉是植物生命的精华，它不仅携带着生命的遗传信息，而且包含着孕育新生命所必需的全部营养物质，是种子植物传宗接代的根本。

1. 花粉的结构组成

花粉是种子植物（显花植物）特有的遗传结构体，作用相当于动物精子，是一个小孢子和由它发育的前期雄配子体组成。在被子植物成熟花粉粒中包含 2～3 个细胞，其中至少有 1 个为生殖细胞，1 个为营养细胞。裸子植物（如松、柏、银杏等）的成熟花粉粒中包含的细胞数目变化较大，从 1 个到 5 个，甚至更多。

2. 花粉的大小与形态

各类植物的花粉各不相同，大多数花粉成熟时分散成为单粒花粉。花粉多为不规则球形，赤道轴长于极轴的看起来为扁球形，反之为长球形。花粉的大小因品种不同，变化很大，最小的花粉勿忘草花粉约 4～8 微米×2～4 微米，而大型花粉的姜属植物花粉直径为 100～200 微米，大多数花粉直径约为 20～50 微米。我们的肉眼能看到的最小物体是 100～200 微米的物体，所以绝大部分植物的单个花粉粒，我们肉眼凡胎是根本看不到的，只有在高倍显微镜下才能看清单粒花粉的真实长相。

花粉长相极不相同，不同植物花粉外表长的也不一样，有圆形、椭圆形、扁圆形，还有三角形的。花粉外壁有平滑的，但更多是不平整的，花粉外壁有凹坑的、有沟的，还有长有棱角的，外形多种多样。

3. 花粉壁

在学术上花粉壁通常分为两层，外壁和内壁，内壁成分主要为果胶纤维素，易分解，外壁主要成分是孢粉素，抗腐蚀及耐酸碱。花粉壁上通常有变薄的区域，称其为萌发孔，花粉萌发时花粉管往往由萌发孔伸出。花粉在被食用后，在酸性胃液的浸泡下，花粉中的营养物质大部分通过萌发孔释放出来，所以大家不必担心，食用蜂花粉其营养成分是可以被人体吸收的。

二、蜂花粉的概念

《中华人民共和国国家标准 GB/T 30359—2013 蜂花粉》对其定义是：蜂花蜂（Bee Pollen）是蜜蜂工蜂采集的，由一个营养细胞和 1～2 个生殖细胞组成的显花植物的雄性种质，用唾液和花蜜混合后形成的物质。

蜜蜂从显花植物上采集花粉粒，并加入花蜜及其腺体分泌物集结而成的物质，多为不规则扁圆颗粒状，每个蜂花粉颗粒物由数百万个单花粉粒聚集而成，蜜蜂把花粉粒聚集在后足的花粉筐（也称花粉篮）中带回蜂巢，蜜蜂采集后，归巢时被养蜂人截留收集起来，这就是我们常见的蜂花粉。

蜜蜂正在采集花粉
（石艳丽 摄）

蜜蜂在牡丹花上采粉
（石艳丽 摄）

1. 蜜蜂为何采集花粉

蜜蜂在自然界的长期进化生存中找到了花粉，把它作为蜜蜂的食物采集回蜂巢并储存，就如同人类收获粮食并储存一样自然。蜜蜂采集并储存花粉已成为它们的一种本能行为，是蜜蜂进行种群繁殖和发展的必需。在蜂群繁殖的季节里，蜂王产卵、蜜蜂幼虫和幼年蜜蜂发育所需的各种蛋白质、维生素、脂肪类物质、矿物质等，几乎全部来自蜜蜂采集的花粉。为了满足蜂群种群繁衍的需要，工蜂会积极地采集花粉。

小贴士：

采蜜季节工蜂寿命只有40～50天，为保持蜂群的强盛，蜂王每天会不停地产卵，每天可产卵1 000～2 000粒。一群蜜蜂在繁殖季节每天至少要消耗150多克蜂花粉才能满足幼虫发育的基本需求。刚出房的幼年蜜蜂和青年期的哺育蜂都需要以花粉为食，一群蜜蜂一年至少要采集30千克以上的蜂花粉才能满足其繁殖需要。

一个花粉团由上百万粒花粉组成，花粉团的大小和重量变化很大，轻则不足10毫克，最重可达20毫克。当蜜蜂只采访一种植物的花时，每个花粉团的颜色是均匀一致的。蜜蜂采集花粉具有专一性，同一只蜜蜂一次出巢，一般只采集同一种植物花粉，极少从多种植物上采集花粉。蜜蜂全身长满了绒毛，在采集花粉和花蜜时，身体各部位的绒毛上沾满花粉，蜜蜂采集花粉的同时就给植物完成了授粉，经蜜蜂授过粉的植物，产量和质量都大大提高了。正因蜜蜂与植物花的协同进化，蜜蜂才成为名副其实的月下老人。

2. 蜜蜂怎样采集花粉

蜜蜂采粉多在上午6～11时进行，这时植物开花最盛，花粉最多，湿润易采。蜜蜂每次出巢采集花粉需要6～10分钟，每天出巢6～10次，最多时达40多次，每次采集所带回到蜂巢的单粒花粉团状物平均重 15 毫克左右，每生产 1 千克蜂花粉需要单只蜜蜂出巢采集 3 万多次。一群蜜蜂每年可采集花粉 30 千克以上，每群蜂每年可为人类提供商品花粉约 5～6 千克。采集这些花粉，每群蜂每年需要单只蜜蜂出巢采集 100 多万次，要采访数亿朵鲜花，蜜蜂采集花粉付出的劳动是相当惊人的。

采集花粉的工蜂在出巢前先吃一点蜂蜜储存到其蜜囊里，然后飞到花丛中采集蜂花粉。它们用身体接触雄蕊，用上颚和前足将花粉刮下来，同时用带来的蜂蜜或采集的花蜜将花粉润湿，使花粉粒黏附在全身的绒毛上，然后用足将身体绒毛上粘附的花粉粒刷集起来，并混入花蜜和唾液，使花粉形成花粉团，再经过后足上相关部位的动作将花粉团推挤到位于后足上的花粉筐中，蜜蜂将其带回蜂巢。蜜蜂从一朵花飞向另一朵花时，它的三对足便协调地活动着，前足将头部的花粉清刷下来，用中足把胸部的花粉粒刷集下来，并接受前足清刷下来的花粉，用后足刷集腹部的花粉，并接受中足传递过来的花粉，然后左右两足交替动作，将花粉传到花粉耙，很快通过花粉钳的挤压动作将花粉推进花粉筐里。

蜜蜂的采集动作非常快，在不足半秒的时间内就可以向两后足的花粉筐内各推入一个花粉球。经过一批又一批的不断装载，直到两个花粉筐装满，满载之后，蜜蜂就会起飞回巢。

3. 蜜蜂的蜂粮

蜜蜂采完花粉，便飞回蜂巢，采粉蜂回巢后有时用"蜂舞"的方式，把哪里有花粉的方向和距离告诉同伴，或直接把花粉卸到靠近蜂子的蜂房。向蜂房卸花粉时，把腹部和后足伸入到巢房里，两后足相互摩擦，把花粉团脱掉，然后出来用头部把花粉顶实，同时将蜜液等涂到花粉团上，一般 1 个巢房约装入 18～20 个花粉团，装满封存酿造，这些花粉在蜜蜂腺体分泌物的作用下，变得酸甜可口，富有营养。酿好的蜂粮供蜜蜂幼虫和成年蜂食用。

巢脾左右上角的蜂粮

（游洪海 摄）

哺育蜜蜂取食蜂粮，经消化吸收，分泌出营养更丰富、更易吸收的"蜂王浆"。蜜蜂以蜂王浆饲喂小幼虫和蜂王。只食用3天蜂王浆的幼虫发育成为"工蜂"，而整个幼虫阶段一直食用蜂王浆的就发育成了"蜂王"。

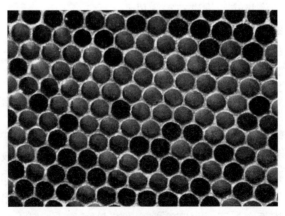

粉脾上的蜂粮

（韩胜明 摄）

花粉很奇特，蜂群中没有花粉也就没有蜂王浆，也就培育不出蜂王。花粉是蜂群中唯一的蛋白质来源。一群蜂一年需要30～50千克蜂花粉，才能满足蜜蜂的繁衍和生长发育需要。

4. 蜜蜂与植物互惠互利协同进化

在种子植物受精结子过程中，花粉的传播主要靠自然风和昆虫等传播，花粉靠风传播的叫风媒花粉，靠昆虫等传播的叫虫媒花粉。蜜蜂采集的植物花粉大多数是虫媒花粉，少数为风媒花粉。蜜蜂采集这些花粉粒经蜜蜂加工成花粉团状物带回蜂巢并储存。蜜蜂周身遍布绒毛，特别是头胸部绒毛分叉，有利于粘附花粉，在采集花粉和花蜜的过程中顺便完成了给植物的授粉，经蜜蜂授过粉的植物，产量和质量都大大提高了。

虫媒花多具有以下特点：多具有特殊香味吸引蜜蜂；多能产生蜜汁；花大而艳丽；结构上与传粉昆虫形成互为适应关系。虫媒花在进化中的这些特点成功地吸引蜜蜂访花授粉，形成与蜜蜂的互惠互利，协同进化。

三、蜂花粉的分类

蜜粉源植物是蜜蜂赖以生存的基础，既能分泌花蜜，又能散发花粉被蜜蜂采集利用的植物，养蜂人称其为蜜粉源植物。另有一些植物的花无蜜腺，不能分泌花蜜，但雄蕊花药里花粉丰富，可散发大量花粉，称其为粉源植物。

蜜蜂采集花粉具有专一性，同期只有一种显粉植物开花时，一只蜜蜂一次出巢会只采集同一种花粉，这时蜜蜂采集的单一品种花粉叫"单一花粉或纯花粉"，人们常以该品种植物名称为其命名，如油菜粉、茶花粉、荷花粉、杏花粉等。但很多时候，同一时间自然界会有多种植物同时开花，一个蜂群有上万只采集蜜蜂，这些蜜蜂采集花粉时，需要寻访无数花朵，同一蜂群中的蜜蜂也不是只寻访同一种植物，所以一个蜂场的若干群蜜蜂很难采集到纯一种植物的单一花粉，这种多种植物花粉混合在一起时，称其为"杂花粉"，由于每种花粉有其不同颜色，杂花粉常五颜六色。

采收后的蜂花粉有很多不同的加工处理方法，根据蜂花粉的干燥及深加工方式不同，人们还把蜂花粉分为"自然干燥蜂花粉""冻干蜂花粉"和"破壁蜂花粉"等。

 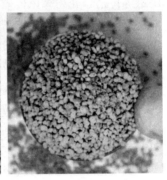

杂花粉　五颜六色
（韩胜明　摄）　　　　　　油菜花粉　色泽一致
　　　　　　　　　　　　　　　（韩胜明　摄）

第二节　蜂花粉是从哪来的

一、蜂花粉的来源

在外界粉源丰富、适合生产蜂花粉的季节，养蜂者预先在蜂箱的巢门口安装蜂花粉采集器，采集器上有许多圆形孔，孔径大小刚好让蜜蜂通过，足上携带有两个大花粉团的蜜蜂，由于身体直径变宽无法顺利通过孔洞，只有当两个花粉团被刮落截留下来，蜜蜂才能爬进蜂巢。被不断刮落的花粉团集聚在花粉采集器的集粉盒中，养蜂者每日定时把集粉盒的花粉收集起来，这就是蜂花粉的来源及生产原理。

蜂箱巢门口截留蜂花粉
（韩胜明 摄）

二、优质蜂花粉是这样生产的

充足无污染的蜜粉源和强壮健康的蜂群是生产大量优质蜂花粉的基础。蜂农一般选择晴朗天气时在粉源植物的盛花期组织蜂群生产蜂花粉。

上午6～11时，大多数植物开花最盛，花粉最多且湿润，容易被蜜蜂采集，蜜蜂多在这个时间段出巢采集花粉，具体某种花粉的生产时段，主要根据该粉源植物开花吐粉时间来决定。

1. 优质、安全、健康的蜂花粉生产环境

生产蜂花粉的放蜂场地，要生态环境优良，水土无化工、重金属等污染，空气质量良好，蜜粉源植物不使用任何有毒有害农药。蜜粉源植物开花脱粉季节，蜂场方圆5平方千米范围内无雷公藤、紫金藤、博落回、狼毒等有毒蜜粉源植物。生产接触蜂花粉的生产器具、包装材料等要使用食品级材料，生产

前和生产过程中不给生产蜂群使用任何蜂药。这样生产的蜂花粉，才是确保优质、安全和健康的蜂花粉。

无污染油菜蜜粉源

（韩胜明 摄）

2. 生产蜂花粉的主要过程

选择好无污染蜜粉源场地放蜂后，蜂花粉的生产过程主要包括：组织健康强壮生产蜂群、在蜂群巢门口安装脱粉器、及时收集蜂花粉、科学干燥蜂花粉、安全储存蜂花粉等。

收集蜂花粉

（韩胜明 摄）

生产蜂花粉安装脱粉器时，擦洗干净蜂箱巢门口箱体上的粉尘，以免粉尘落入集粉盒，导致蜂花粉食用牙碜。生产中注意观察及时收集储粉盒中的蜂花粉，采用自然干燥或冷冻等适宜的方法干燥蜂花粉。

蜂箱巢门口安装好的脱粉器
（韩胜明　摄）

自然干燥晾晒的蜂花粉在干燥过程中，还要注意用纱网遮盖蜂花粉，以防蚊蝇和粉尘等污染。为确保蜂花粉的新鲜度，采用冷冻干燥方法处理的蜂花粉更需及时收集，用食品塑料袋密封暂时存放于冷冻冰柜中，集中用冷藏车冷链运输交售到冷冻干燥厂家干燥处理。

晾晒蜂花粉
（韩胜明　摄）

第三节　蜂花粉的形态、成分与质量标准

一、蜂花粉长啥样

蜂花粉的外观样子多为扁球形、长扁球形或近圆球形，并有工蜂后足镶嵌的痕迹，其大小受蜂种、蜜源、气候等因素影响较大，直径在 2.5～3.5 毫米。

采自不同植物的蜂花粉其颜色各不相同，从浅到深都有，但大多数为黄、浅黄、橘黄、浅绿、橙红、淡褐色和灰白色等，也有少数为褐色、灰色、黑色等。

荷花蜂花粉（金黄色）　　　　油菜蜂花粉（黄绿）
（石艳丽　摄）　　　　　　　（石艳丽　摄）

同一种蜂花粉采自不同地区，颜色也不尽相同，例如，采自浙江的茶叶花粉颜色为橘红色，其颜色明显比采自四川的深黄色要重。有些蜂花粉，如荷花、油菜、茶花蜂花粉等随储存时间的延长，其颜色会逐渐变淡。

茶花（橘红色）　　　　　　杂花粉（杂色）
（石艳丽 摄）　　　　　　　　（石艳丽 摄）

二、蜂花粉的滋味气味

新鲜蜂花粉具有特殊的辛香气味，但味道也各有不同，有的味道微甜，有的略苦涩。例如荷花和茶花蜂花粉，味道甜而可口，气味清香；油菜蜂花粉味道甜、稍苦涩，气味芳香，有轻微腥气；荞麦蜂花粉味甜，有微臭香气。

三、蜂花粉的营养成分

蜂花粉的成分很复杂，含有丰富的功效成分。各种蜂花粉的成分因采集的植物不同而有差异，采自同一种蜜源植物的蜂花粉，因采集季节不同、产地不同，其成分含量也有所不同。

不同种类、不同产地的蜂花粉，其含有的植物药性成分不尽相同，蜂花粉食疗养生需要掌握"辨证论治""审因施养"的原则。如青海省采集的油菜蜂花粉其防治前列腺疾病的效果最为突出，而荞麦蜂花粉则可促进人体骨髓细胞造血，起到养血的作用。在利用蜂花粉养生保健过程中就要根据自身状况，科学选择使用蜂花粉。

一般蜂花粉所含营养成分大致为，蛋白质 20%～40%，碳水化合物 22%～45%，脂肪 1%～20%，矿物质 2%～3%，木质素 10%～15%，未知因子 10%～15%。

1. 蜂花粉富含蛋白质、氨基酸和牛黄酸

蛋白质是构成有机体的重要组成成分，蛋白质是人体细胞的构造成分和养料，具有运输、运动、调节和防御等功能。如果人体摄入蛋白质的数量不足，就容易衰老和发生疾病。氨基酸是蛋白质的基本组成单位，由于构成蛋白质的氨基酸种类、数目和排列顺序不同，形成了多种多样的蛋白质。

（1）蜂花粉是完全蛋白质的杰出代表

蜂花粉中含有丰富的蛋白质和游离氨基酸，其含量占花粉干物质的 20%～40%。蜂花粉中含有构成蛋白质的所有氨基酸，组成情况与动物机体的组成情况非常相近。因而，蜂花粉在营养学上被称为"完全蛋白质"或"高质量蛋白质"。

（2）蜂花粉含最佳比例的氨基酸

蜂花粉中含有 20 多种游离氨基酸，占氨基酸总量的 4%～7%，其中人体必需的 8 种氨基酸全部都有。蜂花粉中游离氨基酸相对含量是牛肉、鸡蛋、干酪等的 5～7 倍。蜂花粉的氨基酸含量及比例是最接近联合国粮农组织推荐的氨基酸模式，这在天然食品中极其少见。

（3）蜂花粉中的牛黄酸保健效果神奇

蜂花粉中牛磺酸含量非常丰富，是一种含硫氨基酸，参与营养物质，特别是脂类物质的代谢。

牛黄酸是婴幼儿的发育所必需的，并能促进大脑发育，增强视力，调节神经传导，促进吸收、消化脂肪，参加胆碱代谢等。

牛磺酸对成年人的心血管系统也有独特功效，并具有明显的抗氧化和延缓衰老、增强体质、预防疲劳和预防疾病等作用。

玉米、油菜、荞麦蜂花粉中牛磺酸含量较高，每100克中含量高达176.8～202.7毫克。

2. 蜂花粉中的碳水化合物（糖类）

碳水化合物由碳、氢、氧3种元素组成，也称糖类，根据分子结构分为单糖、双糖和多糖3类。是机体内能量的主要来源，是心脏、大脑等器官活动不可缺少的营养物质。

蜂花粉中所含的碳水化合物主要是葡萄糖、果糖、蔗糖、淀粉、糊精、半纤维素、纤维素等。蜂花粉中碳水化合物的总含量一般占干重的22%～45%，在不同植物的花粉中含量差别很大，玉米蜂花粉中含量高达36.59%，黑松花粉仅2.6%。

花粉多糖是我国近年来花粉营养成分研究较为深入的功能因子，已对我国常见的花粉进行了含量测试、提纯工艺探讨、花粉多糖单体结构和分子量研究，特别是对花粉多糖的药理、药效研究更为全面。

3. 蜂花粉中的脂类

脂类是脂肪和类脂物质的总称，指脂肪酸和醇所组成的酯类及其衍生物。

蜂花粉中脂类物质因植物种类不同，占干物质的1%～20%，包括游离脂肪酸、磷脂（包含脑磷脂和卵磷脂）、糖脂、固醇、固醇脂、芳香油及有机酸。

蜂花粉所含的脂类中60%～90%为不饱和脂肪酸，且必需脂肪酸占到脂肪含量的60%以上，远比其他的动植物油脂中的含量高。不饱和脂肪酸是机体不可缺少的营养物质，有使胆固醇酯化，降低血液中胆固醇和甘油三酯水平，增强毛细血管通透性及促进动物精子形成等特殊作用。

多不饱和脂肪酸（PUFAs）是机体必需的营养组分之一，具有重要的生物活性和生理功能，近年来研究人员对蜂花粉中含有的多不饱和脂肪酸做了专题研究，发现蜂花粉的多不饱和脂肪酸含量丰富，居总脂肪酸中的首位，达到 45.7％，以 α-亚麻酸、亚油酸含量最多，花生四烯酸、二十碳五烯酸、二十二碳六烯酸也有相当含量。在花粉脂肪酸中新发现了具有重要活性的神经酸（二十四碳烯酸）。

4. 蜂花粉堪称是一种天然的多种维生素浓缩物

维生素是维持机体正常生理功能必需的一类有机化合物，如果维生素缺乏，人体对疾病的抵抗力下降，会出现容易疲劳、倦怠、心悸、气喘等一系列维生素缺乏病症。

（1）蜂花粉中含有多种维生素

蜂花粉中含有丰富的维生素，至少含有 15 种以上，种类全，且含量高。蜂花粉含有维生素 A，维生素 B 族，维生素 C，维生素 D，维生素 E，维生素 K，维生素 P，胡萝卜素等。

蜂花粉中 B 族维生素较为丰富，包括 B_1、B_2、B_3、B_5、B_6、胆碱和肌醇等。

（2）蜂花粉中的主要维生素含量高

每 100 克蜂花粉中含有维生素 B_1 1～10 毫克、维生素 B_2 6～10 毫克、维生素 B_3 5～20 毫克、维生素 B_5 7～12 毫克、维生素 B_6 0.5～5 毫克，含维生素 C 70～80 毫克，维生素 E 5～10 毫克，维生素 P 15～50 毫克，维生素 A 15～50 毫克。

5. 蜂花粉中的矿物质

矿物质是一类无机营养物，在机体结构构成、生长发育及机能调节上都有重要作用，是生命活动中不可或缺的重要营养成分。铁、镁和铜等元素都是人体生命活动中各种酶或辅酶的组分。铁是以血红蛋白的形式参与氧的运输以及细胞色素系统的形式，参与组织呼吸，如果缺铁就可能引起缺铁性贫血；缺铜会引起机体生长和代谢的紊乱；缺锌就不能生长发育，孕妇严重缺锌时甚至可使胎儿畸形；硒存在于机体的多种功能蛋白、酶、肌蛋白的 RNA 中，是谷胱甘肽过氧化物酶的组成成分，硒和维生素 E 协同保护细胞免受过氧化作用的损失，人体缺硒会导致克山病；机体缺乏铬会出现高血糖症，同时血清胆固醇升高，会影响脂肪和蛋白质的代谢。

蜂花粉中的矿物元素占干重的 2%～3%。常量和微量元素含量种类齐全且丰富。

蜜粉源种类不同，常量和微量元素含量差别很大。

钙（Ca）元素以茶花、紫云英、沙梨、板栗、荞麦、蒲公英、芝麻花粉含量最高，每 100 克蜂花粉中含 300～500 毫克。

钠（Na）元素以荞麦、香薷、紫云英花粉含量为高，每 100 克蜂花粉中含 50～80 毫克。

磷（P）元素以玉米、板栗、盐肤木、野菊、苹果、沙梨、柳树花粉含量为高，每 100 克蜂花粉中含 500～800 毫克。

铁（Fe）元素以荞麦、玉米、山里红、香薷、茶花花粉含量最高，每 100 克蜂花粉中含 60～160 毫克。

锰（Mg）元素以向日葵、油菜、芝麻、茶花蜂花粉含量较高，每 100 克蜂花粉中含 40～132 毫克。

铜（Cu）元素以油菜、盐肤木、蜡烛果、山里红花粉含量丰富，每 100 克蜂花粉中含 4～6 毫克。

硒（Se）元素含量以玉米、茶花、泡桐、向日葵、紫云英花粉含量较高，每 100 克蜂花粉中含 0.01～0.07 毫克。

钼（Mo）元素以油菜、茶花、乌桕、柳树花粉含量较高，每 100 克蜂花粉中含 30～50 毫克。

6. 蜂花粉中丰富的活性化合物

（1）蜂花粉中含有多种酶类

酶是机体系统正常运转不可或缺的元素。花粉中的酶对花粉萌发、帮助花粉通过雌蕊、刺激胚胎发育和子房成熟起很大作用。

在蜂花粉中发现的酶类有 100 多种，氧化还原酶类有 30

种，转化酶类有 22 种，水解酶类有 33 种，裂解酶类有 11 种，异构酶类有 5 种。

（2）蜂花粉中含有核酸

核酸分为脱氧核糖核酸 DNA 和核糖核酸 RNA 两大类。

核酸在生命活动和生物遗传等方面具有极其重要的作用，生物遗传、变异、重组和性状表达都是以 DNA 的结构及其变化为基础。核酸能促进细胞再生，新老细胞交替，使肌肤充满活力，有益于延缓衰老，增长寿命。多食富含核酸的食物可预防衰老和各种慢性病。

核酸是花粉的重要成分之一，花粉中的核酸含量占花粉干重的 2%，蜂花粉中的核酸含量一般在 1% 以上。

核酸和维生素在一起，可以发挥协同效果，蜂花粉含有丰富的维生素，能发挥更大的营养效果。

（3）蜂花粉中含有生长素

生长素是蜂花粉所含的主要营养成分之一，人的生长素促进生长的作用主要表现在对骨、软骨及结缔组织的作用上，可增加肌肉对氨基酸的摄取，促进蛋白质、RNA 和 DNA 的合成，能增加血液中游离脂肪酸的含量。人的生长素是由 191 个氨基酸组成的一条多肽链。

采用人生长激素放射免疫测定盒测定花粉中人生长素的含量，不同蜂花粉中含量相差很大，蚕豆花粉含量较高，苹果花粉含量较低，还有的粉没有检测到，如荆条花。

蜂花粉中含有 6 种植物生长调节激素，它们是生长素、赤霉素、细胞分裂素、油菜素内酯、乙烯和生长抑制剂，它们对生物的生长、发育起着极为重要的作用，如赤霉素可以促进高等植物的发芽、生长、开花和结果，同时也可作为一些动物饲料的添加剂。

这 6 种植物生长调节激素不一定在一种花粉中同时存在，但花粉含有植物生长调节激素是非常普遍的。

（4）蜂花粉中含有多种黄酮类化合物

黄酮类化合物具有抗动脉硬化、降低胆固醇、防辐射等多种生物活性，是自由基的消灭剂和抗氧化剂，能有效地阻止脂质过氧化引起的细胞破坏，有增强非特异性免疫和体液免疫的功能。

蜂花粉中的黄酮类化合物是蜂花粉的重要营养成分，而且含量丰富，目前从蜂花粉中发现的黄酮类化合物主要有黄酮醇、槲皮素、山奈酚、杨梅黄酮、木樨黄色、异鼠李素、原花青素等。

蜂花粉黄酮成分的研究近年来有了显著的进展，除了对常见蜂花粉的黄酮含量进行普查，还进行了对其提取、纯化工艺的探讨，对其抗自由基、降胆固醇的药理开展动物模型试验，证实花粉黄酮对心血管病具有治疗功能。

板栗、茶花、木豆、油菜、紫云英、胡桃蜂花粉中总黄酮含量较高，每 100 克含量达 3.27～9.08 克。

（5）蜂花粉中的性激素和促性腺激素

采用人的性激素和促性腺激素放射免疫测定试剂盒对蜂花粉研究后发现，蜂花粉不仅含有人的性激素如雌二醇、睾酮，而且还含有促性腺激素，如卵泡素和促黄体素，这也可以解释为什么蜂花粉具有调节人体生殖机能的作用。

四、蜂花粉的质量标准

2013 年 12 月 31 日，中华人民共和国国家质量监督检验检疫总局、中国国家标准化管理委员会发布了《中华人民共和国国家标准 GB/T 30359—2013 蜂花粉》，并于 2014 年 6 月 22 日实施。该标准对未经加工的原料蜂花粉的感官及理化指标提出了明确要求。

1. 蜂花粉感官指标

该标准对蜂花粉的色泽、状态、气味、滋味做了具体要求，见表 1-1。

表1-1　蜂花粉的感官要求

项　目	要求	
	团粒（颗粒）状蜂花粉	碎蜂花粉
色泽	呈各种蜂花粉各自固有色泽，单一品种蜂花粉色泽	
状态	不规则的扁圆型颗粒、无明显的砂粒、细土，无正常视力可见外来杂质，无虫蛀、无霉变	能全部通过20目筛的粉末，无明显的砂、细土、无正常视力可见外来杂质，无虫蛀、无霉变
气味	具有该品种蜂花粉特有的清香气味、无异味	
滋味	具有该品种蜂花粉特有的清香滋味、无异味	

2. 蜂花粉理化指标

该标准对蜂花粉的理化指标要求，见表1-2。

表1-2　蜂花粉的等级和理化指标

项　目		指　标	
		一等品	二等品
水分（克/100克）	≤	8	10
碎花粉率（%）	≤	3	5
单一品种蜂花粉率（%）	≥	90	85
蛋白质（克/100克）	≥	15	
脂肪（克/100克）		1.5～10.0	
总糖（以还原糖计）（克/100克）		15～50	
黄酮类化合物（以无水芦丁计）（毫克/100克）	≥	400	
灰分（克/100克）	≤	5	
酸度（以pH表示）	≥	4.4	
过氧化值（以脂肪计）（克/100克）	≤	0.08	

五、蜂花粉质量优劣的鉴别方法

蜂花粉具有丰富的营养成分，如果干燥不彻底或保存不当，很容易受潮污染和发生霉变。未经消毒处理还容易滋生虫卵。蜂花粉必须经过科学的灭菌和干燥处理，才能保证其质量和服用安全性。

优质的蜂花粉必须干燥新鲜、团粒整齐、无异味、无杂质、无霉变、无虫迹、保证活性物质不受损失。鉴别蜂花粉质量优劣的方法，可通过观外形、看颜色、嗅气味、尝滋味、手捻找感觉等方式，从形态、颜色、气味、滋味和干燥程度等方面来鉴别蜂花粉的质量优劣。

1. 观外形

通常蜂花粉呈不规则的扁圆形团粒状，并带有采集工蜂后足嵌入花粉的痕迹。质量好的蜂花粉应是团粒整齐，大小基本一致，直径为 2.5～3.5 毫米，没有霉变、虫蛀、虫絮或鼠咬毁坏的迹象，无肉眼可见杂物。

2. 看颜色

蜜粉源植物种类不同，蜂花粉颜色不同，每种蜂花粉有其相对固定的颜色。如果蜂花粉是某单一花粉，颜色基本一致；如果蜂花粉是混合花粉，其色泽是杂色。新鲜的蜂花粉色泽鲜亮，色泽暗淡、颜色变浅的蜂花粉多为储存过久或烘干温度过高的蜂花粉。

3. 嗅气味

每一种植物的花粉都具固有的芳香味，特别是新鲜的蜂花粉有明显的天然辛香气息；久存的蜂花粉香味变淡，霉变的蜂花粉有一股难闻的霉味，甚至有恶臭气味。

4. 尝滋味

取少量蜂花粉放入口中，慢慢咀嚼，细细品味。新鲜蜂花粉的味道辛香，多带微苦，余味涩，略带甜味。但蜂花粉的味道受粉源植物种类的影响差别较大，有的蜂花粉很苦，有的很甜，个别的蜂花粉还有麻、辣、酸感；久存的蜂花粉因油脂变性，有哈喇味。咀嚼时有硬脆感，表明花粉干燥较好；如有牙碜的感觉，说明蜂花粉中有土或粉尘等杂质。

5. 手捻找手感

用手捻捏，花粉颗粒不软、有坚硬感，甚至有唰唰的响感，说明花粉干燥较好；如用手轻轻捻捏，粉团即碎，说明蜂花粉含水量较高，也可能是蜂花粉因受潮发霉而引起了变质。

第四节　你身边的蜂花粉

一、作为普通食品的 8 种花粉

按照《关于 1998 年全国保健食品市场整顿工作安排的通知》（卫监发［1998］第 9 号）精神，卫生部批准新资源食品油菜花粉、玉米花粉、松花粉、向日葵花粉、紫云英花粉、荞麦花粉、芝麻花粉、高粱花粉这 8 种花粉按普通食品管理。也就是说，这 8 种花粉的生产销售只需要按普通食品要求办理食品卫生许可证即可，这就为蜂花粉近些年的广泛推广和销售打开了方便之门。

二、你身边的蜂花粉

从目前市场看，蜂花粉主要为油菜蜂花粉、荷花蜂花粉、茶花蜂花粉、杂花蜂花粉 4 种蜂花粉，另外还有玉米蜂花粉、向日葵蜂花粉、荞麦蜂花粉、杏花蜂花粉、芝麻蜂花粉、苹果蜂花粉、紫云英蜂花粉、山楂蜂花粉、黄芪蜂花粉等。

1. 油菜蜂花粉

（1）油菜蜂花粉的产销状况

油菜蜂花粉在全国各地都有生产，主产区是青海、甘肃、新疆、内蒙古、四川、湖北、江西、安徽等，是我国最大宗的蜂花粉，目前年产量在 1 800～2 800 吨，占全部商品蜂花粉总量的 1/3～1/2。油菜蜂花粉是生产前列康、赛尼廷等治疗前列腺疾病药物的主要原料，也是蜂产品专卖店、超市专柜的畅销品种。

（2）油菜蜂花粉的感官特征

油菜蜂花粉的形状多为扁球形，并有工蜂后足镶嵌的痕迹，直径在 2.5～3.5 毫米。花粉团颗粒大小受采集蜂种、气候等因素影响。

油菜蜂花粉

（韩胜明 摄）

油菜蜂花粉黄色，味甜，有特殊的轻腥味，香味很浓郁。

（3）油菜蜂花粉的典型营养成分

经测定，每 100 克油菜蜂花粉中蛋白质含量约 26.25 克，氨基酸总量为 1.76～2.1 克，含磷脂含量为 3.46 克，脂肪酸含量高达 760 毫克，且 80% 以上为不饱和脂肪酸，还原糖含量为 23.75 克，蔗糖含量为 3.46 克。

每 100 克油菜蜂花粉中主要矿物元素含量为钙 200 毫克、镁 64 毫克、铁 40 毫克、锌 1.60 毫克、铜 5 毫克、锰 16 毫克、钼 50 毫克等。

每 100 克油菜蜂花粉中维生素 A 含量 32 770 IU，维生素 B_1 含量 9.0 毫克，维生素 B_2 含量 2.0 毫克，维生素 C 含量 20.04～78.14 毫克，维生素 D 含量 0.345 毫克，维生素 E 含量 642.5 微克，维生素 K_1 含量 0.4 毫克，胡萝卜素含量 8.5

毫克，核酸含量 0.50 克，葡萄糖氧化酶含量 542 微克等。

每 100 克油菜蜂花粉中的黄酮含量为 0.10～3.56 克，以产自兰州、青海、四川、贵州的油菜蜂花粉黄酮含量较高，可达 3.6 克。

油菜蜂花粉中钼、锰、铜的含量在蜂花粉中属于含量较高的品种，维生素 C、维生素 E 和维生素 K 含量之高在蜂花粉中也属佼佼者，每 100 克蜂花粉中牛磺酸含量为 176.8 毫克，属蜂花粉中高含量品种。

（4）油菜蜂花粉的功效

油菜蜂花粉对前列腺疾病有很好的防治效果，是前列腺药物的主要原料；也具有辅助治疗癌症的功效；油菜蜂花粉不饱和脂肪酸含量超过 80％，对心脑血管疾病的保健效果也较理想；还具有抗动脉粥样硬化、静脉曲张性溃疡、降血脂、镇痛、防辐射、治疗便秘等作用。

油菜蜂花粉可用于美容、祛黄褐斑，防衰老。油菜蜂花粉中牛磺酸含量非常丰富，是一种含硫氨基酸；参与营养物质、特别是脂类物质的代谢，能促进大脑发育、增强视力，调节神经传导；参与胆盐代谢，对婴儿的发育、成人心血管系统、延缓衰老及增强体质意义重大。

2. 茶花蜂花粉

（1）茶花蜂花粉的产销状况

茶花蜂花粉主产区是浙江、四川、江西、安徽、江苏等地，是蜜蜂采自茶树花的花粉。在单一蜂花粉中产量仅次于油菜蜂花粉。全国年产量达数百吨，因茶花蜂花粉香甜味美、口感好，色泽艳丽，深受消费者欢迎。

（2）茶花蜂花粉的感官特征

蜂花粉的形状多为扁球颗粒状，并有工蜂后足镶嵌的痕迹，直径在 2.5～3.5 毫米。花粉团颗粒大小受采集蜂种、气候等因素影响。

茶花蜂花粉呈橘红色，微甜可口，气味清香。

茶　花　　　　　　　　　　茶花蜂花粉
（石艳丽 摄）　　　　　　　（韩胜明 摄）

（3）茶花蜂花粉的典型营养成分

经测定每100克茶花蜂花粉中蛋白质含量约29.18克，氨基酸含量1.54～1.95克，脂肪含量2.34克，脂肪酸含量143毫克，不饱和脂肪酸占54.78%；还是一种高蛋白低脂肪的优良蛋白营养源，含还原糖约32.81克。

每100克茶花蜂花粉中主要矿物元素含量为钙300毫克、镁40毫克、铁60毫克、铜2毫克、锌4.6毫克、锰20毫克、钼30毫克、硒0.01毫克。

每100克茶花蜂花粉中主要维生素A含量为50 770 IU，维生素C含量为67.50毫克，维生素B_2含量为2.36毫克，维生素E含量为233.0毫克，维生素K含量为0.3毫克。

茶花蜂花粉每100克中含总黄酮5.35克，核酸0.85克，葡萄糖氧化酶313微克等。

茶花蜂花粉中钙、镁、铁、钼、硒的含量在蜂花粉中属于含量高的蜂花粉品种。总黄酮含量、维生素A和维生素K含量之高在蜂花粉中也属佼佼者。

（4）茶花蜂花粉的功效

茶花蜂花粉被誉为"花粉之王"，能预防和治疗肿瘤、动脉硬化、便秘、老年痴呆、儿童智力低下、内分泌失调，对糖尿病防治有明显作用，并能延缓衰老。茶花蜂花粉对肌肤美白、祛黄褐斑、治疗痤疮有非常好的效果。

3. 荷花蜂花粉

（1）荷花蜂花粉的产销状况

荷花蜂花粉主要产于我国的江西、湖南、湖北、安徽等水乡和沼泽地，是我国较大宗的单一品种蜂花粉，年产量数百吨。因荷花蜂花粉油性大、口感好，是深受消费者欢迎的品种。

（2）荷花蜂花粉的感官特征

蜂花粉的形状多为扁球形颗粒状，并有工蜂后足镶嵌的痕迹。花粉团颗粒大小受采集蜂种、气候等因素影响。

荷花蜂花粉呈金黄色，味微甜，香味很浓郁。

（3）荷花蜂花粉的典型营养成分

荷花蜂花粉每100克中粗脂肪含量5.13克，荷花粉的脂肪酸含量429毫克，其中不饱和脂肪酸占58%，脂肪和脂肪酸含量在蜂花粉中属较高品种。关于荷花蜂花粉营养成分研究文献比其他常见蜂花粉少。

荷　花

（石艳丽 摄）

荷花蜂花粉

（韩胜明 摄）

（4）荷花蜂花粉的功效

荷花蜂花粉具有消暑祛湿、美容养颜、健脾补肾、延缓衰老、固精止遗等功效，并适用于精神疲乏、虚烦失眠、夜寝多梦等，还具有调整血脂、抗动脉粥样硬化的作用。

4. 玉米蜂花粉

（1）玉米蜂花粉的产地、感官形态

玉米蜂花粉主产地为华中、华东、华北、东北和西北等地，也是主要单一蜂花粉品种。

玉米蜂花粉是蜜蜂从玉米雄花蕊上采集而来，花粉团粒较小，呈扁球形，淡（米）黄色，微带胶质状，味道较淡。

（2）玉米蜂花粉的营养成分

对玉米花粉的营养成分和药理药效的研究表明，玉米花粉含有全面而丰富的营养素，每 100 克蜂花粉中氨基酸含量 13.6 克，磷脂含量 0.96 克，还原糖含量 30.94 克，其特效成分花粉多糖含量为我国常见花粉之首；牛磺酸含量为 202.7 毫克，含量很高。

玉米花粉含有丰富的矿物元素，每 100 克中含钙 200 毫克、铁 80 毫克、锌 7.4 毫克、锰 4.0 毫克、铬 0.30 毫克、硒 0.07 毫克等。

玉米蜂花粉含丰富的维生素，每 100 克中含维生素 C 57.25 毫克、维生素 B_1 6.6 毫克、维生素 B_2 2.3 毫克、维生素 B_5 5.7 毫克、还含有维生素 B_6、维生素 B_7、维生素 B_{11} 等，其他维生素 A 含量为 29 540 IU，维生素 E 含量为 332.0 微克等。

每 100 克玉米花粉中亦含有总黄酮类 0.5 克、核酸 0.65 克、葡萄糖氧化酶 125 微克和甾醇等其他活性成分。

（3）玉米蜂花粉的功效

近年来医学研究证明玉米花粉可利尿、保护肾脏、改善微循环，有明显的降血压、降血脂作用，能增强心肌耐氧、耐缺血能力、抗疲劳，增强体质。对提高免疫功能、抑癌、防治心脑血管疾病的效果显著。

5. 向日葵蜂花粉

（1）向日葵蜂花粉的产地

向日葵各地均有栽培，是我国生产单一品种蜂花粉的主要粉源植物，能收到大量纯向日葵蜂花粉，主要产地为内蒙古、河北、辽宁等省（自治区）。

（2）感官形态

向日葵蜂花粉橘黄色，扁圆颗粒状，并有工蜂后足镶嵌的痕迹，直径在 2.5～3.5 毫米，花粉团颗粒较大。口感甜、气味清香。

（3）向日葵蜂花粉的营养

向日葵蜂花粉每 100 克中含蛋白质 28.13 毫克、还原糖 46.88 毫克、磷脂 1.84 毫克、脂肪酸 287 毫克，不饱和脂肪酸占总量的 56.1％。

向日葵蜂花粉每 100 克中含钙 132 毫克、镁 132 毫克、铁 30 毫克、锰 8.0 毫克、锌 3.6 毫克，另外还含有铜、铬、硒等常量和微量元素等 20 多种。

向日葵蜂花粉每 100 克中含维生素 A 55 385 IU、维生素 B_1 6.0 毫克、维生素 B_5 15.7 毫克、维生素 C 41.5 毫克、维生素 E 762.4 微克、胡萝卜素 55.8 毫克，还含有总黄酮 0.32 毫克、核酸 0.47 克、葡萄糖氧化酶 500 微克等活性物质。

（4）向日葵蜂花粉的功效

向日葵蜂花粉具有抗氧化、美容、防衰老作用；可以调节内分泌，促进皮肤代谢，祛除各种色斑、痘类，使皮肤柔嫩、富有弹性。向日葵蜂花粉对肌肤的美白作用突出，是很好的养颜蜂花粉。

6. 荞麦蜂花粉

（1）荞麦蜂花粉的产地、感官形态

荞麦蜂花粉主要产于我国内蒙古、陕西、四川等省（自治区）。花粉团粒为不规则扁圆形，呈暗黄色，其气味特异、有微臭香气，口感味甜。

荞麦蜂花粉
（韩胜明 摄）

（2）荞麦蜂花粉的营养成分

荞麦蜂花粉每 100 克中含蛋白质 17.25 克、还原糖 31.50克、磷脂 1.20 克。

荞麦蜂花粉每 100 克中含牛黄酸很高，为 198.1 毫克。

荞麦蜂花粉矿物元素种类丰富且含量高，每 100 克中含钙300 毫克、铁 160 毫克、锰 6 毫克、铜 3 毫克、镁 30 毫克、钼5.8 毫克、铬 0.1 毫克，还含有钴、硒等多种常量和微量元素。

荞麦蜂花粉每 100 克中维生素 A 含量 14 770 IU、维生素C 含量 52.0 毫克、维生素 E 含量 279.5 微克、总黄酮 2.18 毫克、核酸 0.39 克、葡萄糖氧化酶 313 微克等。

（3）荞麦蜂花粉的功效

荞麦蜂花粉营养价值和医疗价值高，荞麦蜂花粉中含有芸香苷、原花青素等，对人的毛细血管具很强的保护作用。它所含的三萜烯酸具有抗炎、促进创伤愈合、强心和抗动脉粥样硬化等作用。荞麦花粉具有增强毛细血管韧性和强度、软化血管的作用，可降低胆固醇、防止动脉硬化，舒张血管，对防治心脑血管疾病和消炎具有一定作用，临床上对前列腺疾病也有一定的效果。

7. 杏花蜂花粉

杏花蜂花粉团粒扁圆状，灰绿色，口感香甜可口，香气扑鼻。

杏花蜂花粉
（韩胜明 摄）

杏花蜂花粉含有丰富的蛋白质、氨基酸、碳水化合物、脂肪、维生素、酚类、黄酮类、酶类等活性物质。

杏花花粉中粗脂肪含量为 2.54%，游离脂肪酸含量为 7.15%。杏花花粉中饱和脂肪酸占总脂肪酸的 10.5%，其中棕榈酸占总脂肪酸的 6.7%；不饱和脂肪酸占总脂肪酸的 89.4%，其中油酸占 74.9%，亚油酸占 14.463%。所以杏花花粉中的多不饱和脂肪酸主要是亚油酸，有研究证明 γ-亚油酸能够防止血栓的形成，还有降血压的作用。

杏花花粉含有丰富的苦杏仁苷、多酚类、黄酮类化合物、酶类等活性物质，研究结果证明杏花花粉具有良好的保健和治疗功能。

苦杏仁苷有镇咳平喘、免疫增强、抗肿瘤等作用，在最近的实验中发现，在杏花蜂花粉中苦杏仁苷的含量为 6.1‰，其含量大约是苦杏仁中含量的两倍。

酚类物质在杏花蜂花粉中是广泛存在的，并被认定为有效的抗氧化剂，具有降血脂、抗动脉硬化、降低胆固醇、抗肿瘤、抗炎等功能，可抑制氧化、清除自由基，超氧阴离子，因而可用于预防和治疗糖尿病，肿瘤，心脑血管疾病。

董捷等人通过实验对杏花蜂花粉、向日葵蜂花粉等 18 种蜂花粉中多酚含量进行了测定，结果显示杏花蜂花粉中含有丰富的多酚和黄酮类物质，总多酚的含量为 16.05 ± 0.61 毫克/克，总黄酮含量为 15.54 ± 0.77 毫克/克。

杏花蜂花粉的醇提物主要成分为多酚与黄酮类物质，抑制酪氨酸酶活性，改善皮肤中色素细胞酪氨酸酶的代谢，阻止色素沉着的形成，有良好的肌肤美白作用，是非常好的美容养颜蜂花粉之一。

8. 芝麻蜂花粉

芝麻蜂花粉蜜蜂从芝麻花上采集而来，其粉团颗粒颜色为白色或咖啡色，味微甜、有苦味并有辣喉感。

芝麻蜂花粉每 100 克中含蛋白质 30.46 克、还原糖 22.19 克；矿物元素钙 300 毫克、镁 40 毫克、铁 60 毫克、铜 1.0 毫克、锌 3.0 毫克、锰 4.0 毫克、铬 0.3 毫克等，矿物元素种类多、含量高。

芝麻蜂花粉每 100 克中含维生素 A 50 310 IU、维生素 C 83.50 毫克，维生素 E 84.5 微克、核酸 0.88 克、葡萄糖氧化酶 208 微克等。

芝麻蜂花粉具有益神补脑、强心、增加食欲、提高思维能力、改善脑神经疲劳的作用，可作神经系统的平衡剂和止痛剂。

9. 苹果蜂花粉

苹果蜂花粉扁球形，浅黄色，微甜，气味清香。

苹果蜂花粉每 100 克中含还原糖 16.50 克、蔗糖 3.19 克、磷脂 2.36 克；矿物元素钙 100 毫克、镁 6 毫克、铁 30 毫克、铜 1.0 毫克、锰 6.0 毫克、铬 0.07 毫克等。

苹果蜂花粉每 100 克中含维生素 A 92 310 IU、维生素 B_1 1.0 毫克、维生素 B_2 1.8 毫克、维生素 C 19.50 毫克、维生素 D 0.2 毫克、维生素 E 1 002.5 微克、叶酸含量 0.39 毫克、胡萝卜素 5.66 毫克、核酸 0.79 克、葡萄糖氧化酶 146 微克。

苹果蜂花粉有提高心脏能力、增加心肌功能、抗中风和心肌梗以及抗衰老等作用，被称为十全大补的蜂花粉。

10. 紫云英蜂花粉

紫云英是我国主要蜜粉源植物，能收到较多纯紫云英蜂花粉，蜂花粉团粒橘红色，微甜。

紫云英蜂花粉每 100 克中含蛋白质 18.81 克、还原糖 27.58 克、蔗糖 3.00 克、磷脂 4.07 克；矿物元素钙 500 毫克、镁 30 毫克、铁 20 毫克、铜 1.0 毫克、锌 3.70 毫克、锰 6.0 毫克、铬 0.01 毫克、钼 5.5 毫克等。

紫云英蜂花粉每 100 克中含维生素 A 60 000 IU、维生素 B_1 14.8 毫克、维生素 B_2 11.3 毫克、维生素 B_5 4.7 毫克、维生素 C 10.05 毫克、维生素 D 1.54 毫克、维生素 E 861.5 微克、维生素 K 0.6 毫克、类胡萝卜素 234.3 毫克；其他活性成分总黄酮含量 3.92 克、核酸 1.35 克、葡萄糖氧化酶 104 微克等。紫云英蜂花粉含维生素广泛，特别是含维生素 B 族尤其丰富且含量高。

紫云英蜂花粉具有化痰、益肾、散寒、通经活络、提神益智、促进血液再生等功效。

11. 山楂蜂花粉

山楂蜂花粉，甜而清香，每 100 克中含还原糖 36.88 克、蔗糖 4.80 克，磷脂 0.67 克；矿物元素钙 200 毫克、镁 20 毫克、铁 80 毫克、铜 4.0 毫克、锌 3.80 毫克、锰 2.0 毫克、铬 3.4 毫克等。

山楂蜂花粉每 100 克中含维生素 A 332 330 IU、维生素 C 3.0 毫克、维生素 E 593.0 微克、胡萝卜素 111.7 毫克、核酸 0.32 克、葡萄糖氧化酶 958 微克等。在常见蜂花粉中山楂蜂花粉维生素 E、类胡萝卜素、葡萄糖氧化酶含量较高。

山楂蜂花粉具有退热、强心、调节神经系统功能和止痛作用，可防治头晕、忧虑、心悸和心绞痛。

12. 黄芪蜂花粉

黄芪蜂花粉是蜜蜂从植物黄芪花上采集而来，是养蜂生产中良好的辅助粉源，黄芪根可入药，补气、止汗、利尿消肿、排脓。

现代研究证明，黄芪蜂花粉中含黄芪醇、胆碱、叶酸及硒、锌、铜等多种矿物质，能显著增强人体免疫功能，具有促使细胞生长旺盛，抗老延寿养颜的作用。

黄芪蜂花粉，性甘、温、归脾、肺经，具有补气生津，益肺健脾，排毒生肌，利水消肿，润泽肌肤，生发黑发的功效。黄芪花粉可用于脾脏虚弱，中气不足，肺气亏虚，倦怠乏力、大便艰涩，脾虚不能摄血、崩漏、月经过多、中气下陷、脱肛、子宫脱垂等病症，对易出虚汗、肢体麻木等效果明显。

13. 虞美人蜂花粉

蜜蜂从虞美人花上采集而来，花粉深褐色。虞美人花粉久服养心明目，静心安神。可调节情绪，缓解压力，镇静安神；可防治咳嗽、支气管炎、百日咳；对头痛、眼花、心悸也有较好的调节作用。

14. 野玫瑰蜂花粉

蜜蜂从野玫瑰花上采集而来，味微苦，色淡红。野生玫瑰蜂花粉性平和，具有清除体内自由基、排解体内毒素，益肾固精，利血、利尿，散结，暖腰膝等作用。对肾虚腰痛、遗尿、尿频及肾结石等有很好的辅助治疗作用，还具有促进血液微循环和润肤美容的功能。

15. 西瓜蜂花粉

西瓜花粉是蜜蜂从西瓜花采集而来，大多数呈咖啡色。西瓜花粉具有清热解毒，清咽利喉，消炎散肿等功用；对因热毒引起的咳嗽、咽喉肿痛、口腔溃疡及牙龈炎、牙周炎等均有疗效，还用于润肤美容。

16. 椴树蜂花粉

常量元素和微量元素含量丰富，有利于体内酶的合成并提高酶的活性，增强造血功能，促进生长发育，还有镇静作用。

17. 当归蜂花粉

有补血、活血、调经止痛、润肠通便的功效。

18. 南瓜蜂花粉

含维生素 B_1 较多，能调节自主神经，对神经系统疾病作用明显。

19. 高粱蜂花粉

花粉呈淡黄色，益中，利气，止泄，治霍乱、下痢及湿热小便不利等。

三、松花粉、蒲黄

1. 松花粉

松花粉是一种风媒花粉，是由马尾松、油松、红松、华山松和樟子松等松属植物雄蕊所产生的干燥花粉，它是松树花蕊的精细胞。每年阳春三月松花成熟季节，在松树的花由青转黄的 2～3 天内，通过人工将花穗采摘下来，收集起松花粉，这就是原始的松花粉。如果再经过低温干燥加工，除去水分和杂质，就制成了松花粉。一般情况下，100千克马尾松花穗经过精制加工后，可以获得5千克松花粉。

蜂花粉、松花粉都是花粉，松花粉是完全人工收集，而蜂花粉是蜜蜂采集，人工再将其集中收集起来，在性状上有了很大区别，在名称上也不同。松花粉为鲜黄色或淡黄色，呈细粉末状，因花源单一松花粉单一性强，品质纯正，色泽一致。松花粉口感更好，服用时还能感到淡淡的松子香味，目前利用较为广泛。

松花粉成分稳定，无农药残留物及动物激素的特点。松花粉含有22种氨基酸、不饱和脂肪酸、卵磷脂、15种维生素、30多种矿物质、类黄酮、单糖、多糖、抗氧化物等，还含有100多种酶、核酸及一些能延缓衰老的激素，不饱和脂肪酸约占脂肪酸总量的72.5%。总体营养成分与蜂花粉相比并无明显优势。

以黑松为例，每100克黑松花粉中含有还原糖17.2克、蔗糖4.36克，磷脂3.49克，含有17种氨基酸，以谷氨酸、脯氨酸、精氨酸较多；含矿物元素钙32毫克、镁32毫克、铁6毫克、锰2.0毫克。

每100克松花粉的维生素A含量为5050 IU，维生素C含量为9.0毫克，维生素E含量为22.75微克、总黄酮为0.20克，核酸为0.22克，葡萄糖氧化酶为500微克。

松花粉经药理试验表明，可以提高肠肌活动，具有润肠通便的功效，有较好的抗辐射效应，可以提高耐力，抗疲劳，而且对酒精中毒的肝脏也有防治作用。

松花粉的功能在《中华人民共和国药典》中的记载是："燥湿，收敛止血。用于湿疹、黄水疮、皮肤糜烂脓水淋漓，外伤出血；尿布性皮炎。"

李时珍《本草纲目》记载："松花甘温无毒、润心肺、益气除风止血。"

2. 蒲黄

蒲黄为香蒲科植物，东方香蒲或同属植物的干花粉。夏季采收蒲棒上部的黄色雄花序，晒干后碾轧，筛取花粉。这种花粉就是作为中药的蒲黄。

蒲黄主要产于浙江、江苏、山东、安徽、湖北等地。

蒲黄主要含蛋白质、氨基酸、糖类等，主要功效成分有黄酮类、甾醇类、脂肪酸等，还含有 20 多种无机成分，如钙、钾、磷、锌等。

蒲黄具有止血、化瘀、通淋等功效，可用于吐血、咳血、崩漏、外伤出血、闭经通经、胸腹刺痛、跌扑肿痛、血淋涩痛等症。

第二章

蜂花粉的历史

第一节　花粉疗疾、美食、美容养颜自古有之

花粉为人类所知晓和利用的历史源远流长，早在远古时代，我们的祖先就把花粉应用于食疗、美容和治病。这些在许多古代典籍和诗歌中都有记载。

一、古人用花粉药疗疾

1. 蒲黄疗疾

2 000 多年前，我国已开始食用香蒲花粉，古药书《神农本草经》中收载的 365 味药材中就有香蒲花粉，又叫蒲黄。"蒲黄"被列为上品，说它"味甘平，消瘀、止血、聪耳明目""主治心腹寒热邪气，利小便、消瘀血，久服轻身，益气力，延年"。汉代张仲景所著的《金匮要略》中也有蒲黄活血化瘀、医治各种病痛的记载。

2. 柳蕊列入中药

柳树是早春遍布全国的蜜粉源植物，柳花（柳蕊）也是传统中药，《神农本草经》说它主治风水黄疸，我国宋朝药学专著《本草衍义》（1116 年）中明确指出"柳花即出生有黄蕊者也"。李时珍（1518—1593 年）在《本草纲目》提出了"蜜采花作之，各随花性之温凉也"的论断。

3. 玉米、油菜花粉也做药

唐朝诗人李商隐一生不得志，长期抑郁寡欢，公元847年，他身患黄肿和阳痿等病，百药无效，后食玉米花粉而愈。《古今秘苑》中收载了他介绍玉米花粉的诗句："借问健身何物好，天心摇落玉花黄。"唐朝诗人孟郊（751—841年）任溧阳县令时患头晕健忘症，有人送他蜂花粉食用，后来他在清明节时去济源，亲眼看到了养蜂人收集蜂花粉，兴奋地写下了"蜜蜂辛苦踏花来，抛却黄糜一瓷碗"，这里的"黄糜"正是蜜蜂采集的油菜花粉。

4. 松花粉入药效果好

唐朝《新修本草》收载有松花花粉甘温无毒、润心肺、除风止血、久服令人轻身，疗病胜似松叶、松脂的内容；李时珍在《本草纲目》中也介绍了松黄有润心肺、益气、除风、止血的功效；《神农本草经注论》上卷记载，"松花粉甘温有液，轻而上升，能润心肺"。由此可见，我国古代劳动人民不但已认识了花粉，而且还懂得利用花粉治病疗疾。

二、古人用花粉做美食

1. 古人用花粉做果品

我国是食用花粉较早的文明古国，2 200多年前，战国大诗人屈原在《离骚》中写道"朝饮木兰之坠露，夕餐秋菊之落英"，这里所指的落英即落花，凋谢的落花自然有花粉；宋朝《图经本草》中记载："蒲黄即花中雄蕊粉，细若金丝，当欲开之时便取之，以蜜搜之作果品食之甚佳。"

2. 古人用花粉做蜜浆

"花粉蜂蜜浆"是我国古代传统食品，1502年苏州出版的农家日用手册《便民图纂》中的"干蜜法"就是制作花粉蜂蜜浆的好方法：每5千克蜂蜜中加0.5千克花粉，先将蜂蜜在砂锅中炼沸，等滴水不散时将花粉加入即成。到了明朝花粉蜂蜜浆已成为民间食品了。

3. 古人用花粉做糕点

清代王士雄著《随息居饮食谱》记述松花粉糕点制作法：将白砂糖加水熬炼，之后加入松花粉；清代《市京岁时记胜》和《燕京岁时记》中记载松花粉做糕饼的有榆钱糕、玫瑰糕、藤萝花粉饼，也有不提花种名的统称"花糕""春饼"。这些都充分说明，自明清以来花粉糕点在我国食谱中占有重要的位置。

4. 古人用花粉调粥、汤

古代用花粉调粥、调汤的记载也屡见不鲜，如《本草纲目》和《泉州本草》中的"月季花粉汤"，元代蒙古族营养学家忽思慧所著《饮膳正要》中记载的"松黄汤"和"蒲黄瓜蘸"，都是加入花粉制作的。

5. 古人用花粉酿美酒

另一酒类饮品花粉酒，是千百年来深受我国广大人民喜爱的养生美酒。唐朝诗人郭元振《秋歌》中有"延年菊花酒"之句；苏轼还专门写过《蜜酒歌》，诗中描写了用花粉酿制酒的过程。《便民图纂》记载了菊花酒的做法是："酒醅将熟时，每缸取菊花花粉二斤入醅内搅匀，次早榨则味香美，一切有香无毒之花粉，仿此用之，皆可。"元代宋伯仁所著《酒小史》和清代《随息居饮食谱》中记载了多种花粉酒，例如："蔡攸棣花粉酒""玫瑰花粉酒""桂花酒"等。酒泛花粉是我国古代加工花粉的有效方法，从现代生物学角度看，花粉经酒曲发酵处理，不仅能增加花粉营养成分的生物利用，而且也是除去花粉中致敏原的有效途径，至今仍有现实意义。因此，花粉经酒曲发酵后再制成糕、饼、晶、饮料及糖果，较未发酵时的花粉更有益。

《新修本草》是唐显庆四年（公元 659 年）官方颁布的我国第一部药典，"酒服松黄"把花粉与酒关联在一起，花粉可作为上等酒曲，也可以将花粉加入酿酒原料中或将花粉浸酒后饮用。《元和纪用经》载"松花酒"饮法是：取松花粉二升，用绢囊裹之，入酒五升，浸五日，每次空服饮三盒，可治风眩头旋肿痹、皮肤顽疾等症。

三、古人用花粉美容

　　明朝周棣王的《普济方》中居然有花粉所引的美容方，是以红、白莲花蕊并用桃花、梨花、梅花花蕊配制的复方，专门用来治疗粉刺、雀斑等。

　　后魏《齐民要术》卷五"种红蓝花"这一节中，有胭脂、手药、香粉的制作方法，在配料中都提到了花朵，实际为花粉。花粉中的天然活性因子，能有效保护皮肤，防止皮肤干燥，加强皮肤新陈代谢，从而起到美容的效果。

无污染的放蜂场地

（韩胜明 摄）

第二节　我国古代有关花粉的趣事与传说

一、古代花粉造就美女的传说

1. "美人井"的故事

　　在晋代，人们相传在当时的白州双角山下有一口"美人井"，常饮此井水的人都是身轻矫健，气色红润，肤色靓丽光洁，充满生机，老人则健康延年，因为有了这口井，此地美女颇多。

"美人井"为什么能美容养颜？人们发现这口井边长满了象征长寿的青松翠柏，每到春天就有大量的松花粉飘落到井中，井水浸过花粉，使井水变成了名副其实的"营养保健口服液"。人们因喝含有花粉的井水起到了美容养颜的功效，故常喝此井水的当地女人美女颇多。

2. 武则天爱花粉

历史记载，在唐太宗李世民驾崩后，才人武则天被迁入长安感业寺为尼，因心灰意冷而容颜憔悴、风华渐失。一个偶然的机会，感业寺的主持告诉她花粉养颜抗衰的妙用，从此武则天不仅早、晚以花粉为食，而且还用鸡蛋清调匀花粉敷面。时间一天天过去，奇迹也一点点出现，武则天阴晦的气色渐渐褪去，眼角的丝丝皱纹也在不知不觉中消失，重又显得光彩动人，比以前更加青春艳丽，容光焕发。

武则天从此恢复了自信，凭借她美丽的容貌、聪慧的头脑吸引了唐高宗李治，终于重回皇宫成为皇后，并在 67 岁时成为中国历史上唯一的女皇。武则天认为蜂花粉功不可没，从此对花粉情有独钟，成为花粉嗜癖者。每逢盛花季节，她都令宫女在御花园中采集花粉和米捣碎，加工成"花粉糕"，供自己享用，有时也赐予群臣共享。长期食用蜂花粉的武则天，红光满面，精力充沛，年过八旬仍精神饱满，料理朝政。后来许多民间女子也开始用蜂花粉来美容养颜，并把武则天发明的花粉糕称作"香妃糕"。

3. 元宰之宠妾薛瑶英，清代萧美人，绝代佳人西施、董小宛都是花粉嗜好者

唐代元宰之宠妾薛瑶英，幼时长期食用其母做的"香丸"。长大以后，薛瑶英肌肤柔润，笑语生香，元载称她为"香珠"。

香丸就是以花粉为主，发酵处理后做成的内服美容丸。

清代乾隆时的萧美人，有"出自婵娟艺巧楼，遂将食品擅千秋"的制作食物技巧，她曾做过用药曲发酵处理的花粉食品，令人垂涎。吴煊赞誉她"妙手纤纤和粉匀，搓酥掺拌擅奇珍。老者贫馋性自如，按图口角已流脂"。我国绝代佳人董小婉、西施也是花粉的嗜好者。明末秦淮名妓董小宛爱食花粉，惯用荷花花粉制成冷盘食用，藉以强身美容。

4. 慈禧与花粉

据史学家、营养学家考证，慈禧太后保持皮肤柔嫩、体态苗条的奥秘也是食用蜂花粉。慈禧一生喜欢吃花粉做的食品，每天用各种鲜花泡水、用"耐冬花露"洗浴。

清朝德龄郡主在《御香飘渺录》又名《慈禧后私生活实录》中，记载慈禧太后入宫后长期用含有花粉的"耐冬花露"洗浴，用"虽至暮年仍嫩质疑无骨、柔肌倍有香"来描述慈禧。"耐冬花露"就是先用黄酒浸泡花粉，再研碎后调制而成的。

1903 年，慈禧 69 岁时，美国画家卡尔来到中国为慈禧画像，卡尔在画完像后对慈禧有如下描述："太后身体各部极为相称，面貌之佳，适于其柔嫩之手、苗条之体，相得益彰。如不知其已 69 岁之大寿者，凭心揣之，当为一位 40 岁之美女人。"

二、古代花粉强身健体的记载

1. 古人赞美花粉强身健体的诗歌

诗人苏东坡作有《松花歌》："一斤松花不可少，八两蒲黄切莫炒，槐花杏花各五钱，两斤白蜜一起捣，吃也好，浴也好，红白容颜直到老。"此外还做了《松花酒》《梨花花粉酒》《玫瑰花粉酒》和《桂花酒》等诗篇。他还曾分辨过花粉与蜂花粉，并对蜂巢花粉这样赞颂："粉脾尝新滋腹口，仙人何如养蜂人。"

诗人白居易在诗中提到:"腹空先进松花酒,乐天知命了无忧。"

在我国古代不仅应用人工采集的花粉,还利用蜜蜂采集的花粉。唐代诗人孟郊,用食用蜂花粉治病。孟郊50岁中进士,任县蔚时得了头昏易忘症,有人把蜂花粉送给他吃,其病竟然用花粉治愈。从此他对养蜂人收集蜂花粉颇感兴趣,写下了"蜜蜂辛苦踏花来,抛却黄糜一瓷碗"的诗句,这里所述黄糜正是蜜蜂采集来的蜂花粉。

金朝张建在诗篇中提到,"客从岳顶来,贻我松花粉。为言服之久,身轻欲飞翔";元朝的练鲁,在《北斗山》中提到,"隐者巢居在翠微,松花服食茑萝衣。人间万事不着眼,坐看浮云天际飞"。

王士雄《长寿诗》中提到"长生不老有新方,可惜今人却渺茫。细将松黄径曲捣,朝朝服食保康祥"。

野趣图
(东莞市养生源蜂业有限公司 提供)

2. 古医书、医典对花粉强身健体的记载

唐代苏敬等所编著的《新修草本》载有,松花的花粉"真

名叫松黄，甘温无毒，主润心肺，除风止血；亦可酿酒，三月采收拂取，正如蒲黄，久服轻身疗病"；"松花即松黄，拂取正似蒲黄，久服令轻身，疗病胜似皮、叶及脂也"。

甄权《药性本草》，记有花粉可"利水道，通经络，止女子崩中"。诗人姚合以松黄治愈眩晕、胃痛之苦，写下"以服松花无处学，嵩阳道士忽相教，朝来试上高松采，不觉翻倾仙鹤巢"。

宋代寇宗奭名著《本草衍义》中，记有"蒲黄以蜜调如膏，食之，以解虚热"；唐本注云："松花名松黄，拂取似蒲黄，止尔，久服身轻疗病，云胜皮、叶及脂"，用松花粉做松黄饼，记有"其花上黄粉名松黄，山上人及时拂取，作汤点之甚佳"；方勺在《泊宅篇》中记载有一妇女舌肿满口，不能出声，经医生用蒲黄加米治愈；南宋赵湛皇帝也患舌肿满口之疾，医生用复方"花粉"治愈，此事收录在《芝隐方》中。

明代药学家李时珍《本草纲目》中，有"松花和白糖，印成糕饼，食之甚佳"的记载。还记有花粉制成的美容方，即以红、白莲花蕊及桃花、梨花、梅花等花蕊配制而得，专门用来治疗粉刺、雀斑等面部皮肤疾病。李时珍还认为松花粉可以润心肺、益气、除风、止血。

张璐《本经逢原》卷三香木部篇中记载，"松花润心肺，益气除风湿，今医治痘疮湿烂，取其凉燥也"。

叶桂《本草经解要》卷三记载，"松花气温、味甘、无毒。主润心肺，益气，除风止血，亦可酿酒"。

顾元交《本草汇笺》卷五木部记载，"松脂香木之二合松节松黄。松黄即花上黄粉，有除风止血之能，故头风及下痢每用之"。

3. 现代医典对花粉的记载

现代许多典籍中也有对花粉的记载。如现代《精编本草纲目》《本草纲目白话全译》《中药大辞典》《中药八百种详解》

《中国医学大辞典》《中华人民共和国药典》《中国木本药用植物》《中国民间百草良方》等，其中都对花粉的性质、功效等内容进行了记载。

第三节 国外使用蜂花粉的历史

一、老外用花粉的记载

中美洲和南美洲古老的印第安人，很早就开始使用玉米花粉做成味美且富于营养的汤食用。

传说古希腊女神希格拉底，因吃了向日葵花粉，喝了用向日葵的花粉酿的酒而变得美丽绝伦。

古罗马传说花粉是"神的食物"，被誉为"青春与健康的源泉"。

据说公元前50年左右，埃及女王克丽奥佩特拉就是使用蜂蜜和花粉来美容和健身的，并以其容姿美丽和精通数国语言的本领把凯撒和安东尼等罗马英雄握于手掌之中，才在那个动荡的年代一度保全了她的王国，成为一位很有名的女王。她之所以能拥有美貌和活力，是因花粉的功劳，据说女王收集花粉用于涂身，也常常食用。

二、近代国外研究蜂花粉的结论

日本把花粉专门做成各种美味食品，作为营养佳品以供享用。芬兰教练在训练参加奥运会的参赛选手时，每天让他们服用一定量的花粉食品。

苏联科学家曾在1945年向200多位超过百岁老人调查他们长寿的秘诀，发现他们大多是养蜂者，经常食用蜂蜜、蜂花粉。俄国养蜂研究所曾做研究表明，花粉里含有的维生素是世界上发现的单一食品中含量最丰富的，再加上花粉还含有其他各类营养成分，如游离氨基酸、核酸、蛋白质等，如每天食用一汤匙花粉即可提供人体所需大部分营养物质。

法国、美国、瑞典、罗马尼亚、瑞士、阿根廷、日本等国家的学者进行了花粉的成分、生化、药理、临床等方面的试验研究工作，发表的很多论文专门论述了花粉的生物作用和医疗功能。

法国花粉专家卡亚指出："花粉的作用可以说是万能的，几乎是一种灵丹妙药，因为它对消化功能和肠功能具有良好的作用，目前还没有一种天然产品，特别是没有任何一种药物能够超过它。"

当代美国最著名的世界权威帕夫埃罗拉博士说："花粉是自然界最完美，含量最丰富的食物，它不但能增强人体抗病能力，同时也能加速疾病的康复。花粉是一种奇妙的食品，是神奇的药品和青春的源泉。"

世界著名的癌症专家康提拉认为，没有比花粉更重要的营养食物了，正常食用可获得预期效果，以这种自然的无副作用的药物治疗癌症，可使病人愉快，有较好效果。

著名的摩拉里博士说，花粉是唯一含有人体健康所需的所有重要营养食物的食品，这个事实是经过许多化学家的分析所证明了的。

著名的癌症专家西米特博士说，多吃花粉，因为花粉中含用许多抵抗癌症的重要成分。

三、里根总统与蜂花粉

美国前总统里根是个花粉爱好者，很喜欢吃花粉酥糖。里根总统在乘坐总统 1 号飞机出访时，口袋里经常带着花粉酥糖。美国亚利桑那州凤尼克斯城的 CC 花粉公司（CC pollen Co.）专门为白宫生产花粉酥糖。这种酥糖是用蜂花粉、燕麦、蜂蜜和坚果仁制作的，含有一餐所需的营养，所以称为总统午餐酥（President's Lunch bars）。

　　1961 年里根代表美国商会在全国进行讲演时，华盛顿商会亚基马的主席麦考密克将她所著的《金色的花粉》一书和一些花粉糖果送给了里根。通过这本书里根和蜂花粉结了缘。

　　里根在给麦考密克的便笺中写道："谢谢！我当时正在我的小牧场耕作，到傍晚时很疲倦，那时我想起上衣口袋里有你送给我的花粉糖，我把它吃了。20 多分钟后，我确实感到不疲倦了，原来感觉的寒战也消失了。"里根自此认识到了蜂花粉的价值，也喜欢上了花粉酥，在此后的 27 年里，他经常吃花粉酥。

　　1981 年 1 月出版的《天然食品商业杂志》，在"完全食品"标题下，发表了《总统的蜜蜂力量》。1981 年 6 月出版的《地球杂志》，报道了"里根总统将他的健康归功于蜜蜂，他吃花粉已有 20 多年"的消息。

　　里根总统的女儿帕蒂，在 1982 年 1 期《蔬菜时报》的《蜂花粉》一文中说："我父亲的确是健康生活的典范。我年轻时，爸爸经常服用蜂花粉和蜂蜜，或者是蜂花粉和小麦胚芽做的糖果。"

　　里根总统 1983 年访问日本，在 11 月 10 日东京举行的国宴上，有人问他最喜欢的食品是什么？里根回答"总统的午餐酥"，并且将 1 个盒子放到面前，取出 6 块，放到口袋里 5 块，在摄像机前剥开 1 块放入口中吃。当时的电视报道和报纸文章都议论里根总统对健康食品蜜蜂花粉的爱好。

　　1984 年 10 月，华盛顿邮报发表标题为《里根的花粉，蜜蜂的力量》的文章。第一夫人说："在饥饿时，它能很好地消除饥饿和疲惫感。"里根夫人轻盈的体态也部分归功于这种花粉酥糖。

　　CC 花粉公司，在 1985 年生产了"第一夫人午餐酥"，也取得了巨大成功。公司报道：里根夫人非常高兴以她的名义命名的花粉酥。她将1张签名的照片作为礼物送给了公司。这种花粉酥糖，经常放在第一夫人执行任务的专车里、飞机里。总统午餐酥和第一夫人午餐酥，成了在商店里可以买得到的"最健康食品"。

第三章

让蜂花粉做你的健康帮手

　　自古至今花粉一直就被人们所喜欢，关于它美容、强健身体、防治疾病奇特功效的记载在古籍药典中屡见不鲜。由于古人受花粉采集技术所限，可应用的花粉只有松花粉、蒲黄、玉米花粉和少量蜜蜂采集的蜂花粉，因此花粉十分珍稀。随着现代养蜂技术的不断发展，蜂花粉产量迅猛增加，目前我国蜂花粉年贸易量已超过 5 200 吨，蜂花粉成为花粉市场供应的主体。

正在生产花粉的蜂场
（何日光 摄）

随着蜂花粉生产技术的日趋成熟，蜂花粉营养与保健功能的研究也在不断深入，现代营养学和医学研究表明，蜂花粉富含丰富的蛋白质、氨基酸、维生素、碳水化合物、矿物质、维生素、有机酸、多种酶类、黄酮类等多种对人体具有明显保健作用的功效成分。前述有关章节已从古医学观点对花粉的食疗养生进行了阐述，本章将从现代营养与医学的角度揭开蜂花粉美容、健身、防治疾病的神秘面纱。

第一节　蜂花粉让你更美丽

蜂花粉是最佳的天然美容剂，其美容的重要作用已经被人们所共识。我们常见的一般美容用品、化妆品只能治标，而蜂花粉既能内服、又能外用，可促进皮肤细胞新陈代谢、改善皮肤的营养状态、延缓皮肤衰老、消除皱纹、防止皮肤干燥脱屑、增强皮肤弹性等。

内服外用蜂花粉能使肌肤柔嫩、细腻、洁白、鲜润，并可清除各种褐斑。蜂花粉富含高蛋白、多糖、多种维生素、多种微量元素、核酸、活性酶，而低脂肪，是人体所需最齐全、最完美的美容营养保健品。

女性到了中年，由于内分泌失调，面部就会出现黄褐斑、粉刺、雀斑、痤疮，这主要是缺乏维生素 B_1、维生素 B_2、维生素 B_6、维生素 C 等所引起，而蜂花粉富含多种维生素、氨基酸、酶等，可使中年女性所缺乏的营养物质得到完美补充。凡是用过蜂花粉的女性，都称蜂花粉是满意、便宜、方便的内服美容剂。

口服和外用蜂花粉相结合，能发挥蜂花粉最佳美容效果。蜂花粉被誉为能食用的化妆品和内服美容剂，有"梳妆台前千百次不如一次蜂花粉"之说。蜂花粉能让人找回青春，充满自信，对提高人们的生活质量具有深远的意义。

一、蜂花粉养颜美容的机理

蜂花粉在养颜美容方面的特殊功效完全是基于蜂花粉所含的丰富营养成分及多种生理功能，蜂花粉美容的重要作用已经被人们所共识。蜂花粉美容养颜是多方面综合作用的结果，是能真正起到内在美容效果的佳品，是一种安全有效，既可食用又可外用的理想天然美容剂。主要美容机理简介如下。

1. 蜂花粉中丰富营养素的美容作用

蜂花粉中富含多种维生素，对颜容有营养、抗衰老作用。维生素能维持上皮细胞分泌黏液的生理功能，使皮肤保持湿润性与柔软性，维生素含量及美容功能见表 3-1。

表 3-1　蜂花粉中维生素的美容功能

名称	含量（微克/克）	美容机理及功能
维生素 A	150～500	促进皮肤新陈代谢，保护上皮细胞，使肤质光洁、富于弹性，能使眼睛明亮
维生素 E	5～100	能抗氧化清除自由基，改善血液循环，防日晒，减少皮肤皱纹，防黄褐斑
维生素 C	700～800	抗氧化剂，消除毒素，促进胶原的合成，降低黑色素的代谢与生成，对黑色素有漂白作用，能防衰老
维生素 B_2	60～100	能清除粉刺和黑斑
烟酸	50～200	改善皮肤组织排泄功能，促进血液循环
泛酸	70～1 200	保护皮肤，有美发功效
叶酸	0.5～1	促进皮肤细胞生长，保持皮肤光泽，防止皮肤炎症

缺乏维生素 A 会导致皮肤粗糙、干燥的角质化。

维生素 B_2 与皮肤美容最为密切，可消除粉刺和色斑，如缺乏可引起嘴唇干燥，皮肤过敏；维生素 B_3 有益于皮肤神经系统；维生素 B_6 对保护皮肤有益。

维生素 C 为抗氧化剂，可以消除毒素，促进胶原的合成，降低黑色素的代谢与生成，可保护皮肤洁白细嫩，防止衰老。

维生素 H 可促进皮肤细胞生长，保持皮肤光泽，防止皮炎。

维生素 E 有扩张毛细血管的作用，也可改善血液循环，从而可改善血液的供氧，延长红细胞生存时间并增强造血功能。皮肤细胞抵抗能力、排除代谢废物能力和血液循环的增强，有利于黑色素的排泄，防止其在细胞内沉积而形成褐斑，也有利皮肤健康红润、充满活力。

蜂花粉中含有丰富的磷脂，可以修复被自由基损伤的皮肤细胞膜，使膜的生理功能得以正常发挥，从而增强皮肤抵抗力和排除代谢废物的能力。此外磷脂还具有乳化性，可降低血液的黏度，促进血液循环。

蜂花粉中的氨基酸，呈极易吸收的游离状态，这正是皮肤角质层中天然湿润因子成分，它可使老化和硬化的皮肤恢复水合性，防止皮质层水分损失，保持皮肤的滋润和健康。特别是其中的胱氨酸和色氨酸，能极大地补充皮肤生长所需要的多种胶原蛋白质，使皮肤丰满细腻，富于弹性，有效地舒展和消除皮肤皱纹。

蜂花粉中丰富的核酸能促进细胞再生和新老细胞的交替，使皮肤充满活力。蜂花粉中所含微量元素硒、黄酮类和超氧化物歧化酶（SOD）等营养素与其他营养素相配合，能极有效地消除机体代谢过程中所产生的过量自由基，延缓皮肤衰老和脂褐素沉积的出现。

2. 增强和调节新陈代谢

皮肤的新陈代谢和其他器官组织一样，是由糖类、蛋白质、脂肪、维生素和微量元素等多种营养成分参与完成的。任何一种营养素的缺乏，都有可能引起皮肤新陈代谢失调，出现皮肤干燥、色素沉着、粉刺等现象。一般的化妆品虽然可以暂时起到一定美容作用，但卸妆之后又会露出"真面目"。只有在全面调整机体新陈代谢的基础上，才能取得真正的美容效果。蜂花粉在这方面具有独特的优越性，因为蜂花粉含有人体所需的全面、均衡的营养成分，并且具有天然活性，易被人体消化吸收，有利于增强和调节人体的新陈代谢。

3. 蜂花粉调节内分泌的作用

内分泌失调会使皮肤从根本上丧失正常的吸收功能，而皮肤缺乏各类营养素又会出现黄褐斑、粉刺，皮肤灰暗、粗糙等，因此内分泌紊乱是影响美容的根本原因。天然蜂花粉中含有大量的活性酶，对人体内分泌的调节起着重要作用，对内分泌系统能起到双向调节作用，不仅促进新陈代谢，使皮肤表皮细胞更新加快，显得年轻有活力，而且能抑制促进黑色素形成的酪氨酸酶的活性，减淡已有在皮肤沉积的色素和防止色斑的产生，保护皮肤洁白细嫩。

皮肤皱纹和老年斑等是影响美容的主要原因。老年斑、皱纹的产生是体内产生过多的活性氧自由基作用的结果。

自由基作用于脂质发生过氧化反应，氧化最终产物丙醛与蛋白质等生命大分子的交联聚合形成脂褐素，由于它不溶于水，不易排除而在细胞内大量堆积，从而形成老年斑。

自由基促进胶原蛋白的交联聚合，会使胶原蛋白的溶解性下降，弹性降低及水合能力减弱，导致皮肤失去张力。

自由基能直接或间接作用于多糖基质（主要是透明质酸）引起解聚而导致皮肤保水能力下降。自由基能引起弹性纤维的降解使皮肤失去弹性和柔软性。胶原蛋白质、透明质酸和弹性纤维是真皮的三种主要成分，它们的变化是皮肤出现皱纹的结构基础。

维生素 B、β-胡萝卜素、微量元素硒、SOD 等能消除机体代谢过程中所产生的过量自由基。因此，可延缓皮肤衰老和脂褐素沉淀的出现。

褐斑也是由内分泌失调而引起的皮肤色素沉积的结果。不少疾病都可出现这种斑，一般以妊娠期妇女为多见，它的产生说明人体内激素水平在变化。花粉通过调节神经系统的平衡来调节内分泌失调。皮肤保持湿润是皮肤滋润的前提，蜂花粉中最佳比例的氨基酸是皮肤角质层中天然润湿因子的成分，可使老化和硬化的皮肤恢复水合性，防止角质层水分损失，保持皮肤的滋润和健康。

4. 食用蜂花粉改善睡眠

美容专家研究证实，充足的睡眠对美容具有生理与心理双重益处。长期睡眠不足的人，除影响身体健康之外，对皮肤的健美有直接损害。这是由于生理器官在疲劳之后得不到正常休息与调节，使血液循环减慢，造成眼圈发黑，内分泌失调，使皮肤的光洁度减弱，变得苍白、灰暗、无血色。睡眠不足，还会引起体内循环系统失衡，使皮肤表面微血管的血液循环滞淤，导致皮肤加速老化。蜂花粉中含有全面平衡的营养素，尤其是所含丰富的甘氨酸能抑制大脑神经细胞的活动，睡眠不好的人经常食用蜂花粉后改善睡眠，食欲好，精神好，可治愈失眠和获得美容双重效果。

5. 蜂花粉通便作用

便秘是美容的大敌。大便不通，粪便长久停留在体内，便会和肠内的腐败细菌共同产生有毒物质，被人体吸收后将会严重影响皮肤的生理功能，使皮肤失去光泽和弹性，加速皮肤老化。一旦大便畅通，以上症状就可消除。临床实践证明，蜂花粉几乎可以消除所有原因的便秘，食用蜂花粉是有效快捷的通便方法，而且没有任何副作用。

小贴士：

　　蜂花粉为何有神奇的长寿美容的作用？时至今日人们仍在不断地探索，基本认为与蜂产品的四大长寿美容功能因子有关。

　　蜂产品长寿美容功能因子之一：蛋白质、氨基酸、活性酶。蜂花粉的球蛋白可增强毛细管的通透性，对丙酸杆菌引起的痤疮有治疗作用。它们所含的清蛋白类是皮肤能够吸收的功能蛋白，适用敷施枯泽、干燥型皮肤。黑色素的产生主要源于酪氨酸酶。酪氨酸酶可催化氧化酪氨酸变为黑色素。蜂王浆、花粉可抑制酪氨酸活性。各种色素沉着（老年斑、雀斑、黄褐斑等）的产生还与超氧自由基有关。超氧化物歧化酶（SOD）可以清除超氧自由基，氨基丁酸有抑制酪氨酸作用，可抗氧化并吸收紫外线。

　　功能因子之二：黄酮类化合物。在蜂花粉、蜂胶中几乎检测出了所有种类的黄酮类化合物，是目前自然界发现的含黄酮类化合物最丰富的天然物质。黄酮类化合物由于其结构的共轭性，可以强烈吸收紫外光，高良姜素、山萘酚、槲皮素、β-胡萝卜素是很有代表性黄酮类化合物。蜂花粉中的高良姜素对溶血性链球菌、金黄色葡萄球菌等皮肤常见病菌均有抑制作用，可消除氧化自由基，并能抑制酪氨酸酶活性，减少黑色素形成。山萘酚能清除氧自由基，同时抑制酪氨酸酶活性，可用于增白型化妆品。槲皮素可降低血压，增强毛细血管抵抗力，减少毛细血管脆性，可强烈吸收紫外线。β-胡萝卜素对维生素 A 缺乏如皮肤干燥、粗糙等均有效，还能显著吸收紫外线，是理想的抗晒剂。

　　功能因子之三：有机酸类。蜂花粉和蜂王浆含有多种果酸，如乙酸、乳酸、柠檬酸、苹果酸等，为长寿美容保健奠定了基础。羟基乙酸是分子量较小的果酸，可较好地渗入皮肤、软化表皮角质层从而剥落老化细胞，在润滑皮肤、增加肌肤弹性方面效果明显。L-乳酸可作为天然保湿因子，能有效去除细纹和皱纹。花粉的亚油酸占总脂肪酸总量的48%，亚油酸能增加保湿、抗刺激、抗过敏，可有效抑制酪氨酸酶的活性，减少黑色素生成，从而使皮肤增白嫩滑。

功能因子之四：活性多糖类。蜂花粉与蜂胶存在丰富的活性多糖，同济大学花粉研究中心的王开发等对玉米花粉多糖的药里研究表明，花粉多糖可提高机体的免疫功能有抗衰老、抑肿瘤、美容等良好作用。蜂产品中有一种重要的结合糖——氨基酸糖。氨基酸糖为抗炎剂，可与抗菌剂和抗过敏剂配制外用药膏治疗粉刺，效果显著。

二、蜂花粉美容品的开发

1. 研发现状

蜂花粉化妆品开发种类众多，早在20世纪50年代，法国就公布过花粉化妆品专利，70年代日本连续公布多项花粉化妆品专利。国际上也有许多著名花粉化妆品，如法国的巴黎花粉蜜、西班牙的花粉雪花膏、瑞典的花粉清洁霜等。目前国内也生产了许多内服花粉保健品，洗涤用品如蜂花粉香皂、外用化妆品、蜂花粉面膜等。

同济大学花粉应用研究中心通过对国内50多种蜜源花粉营养成分的研究，筛选出几种含氨基酸、类胡萝卜素、维生素

蜂花粉香皂
（东莞市养生源蜂业有限公司 提供）

C、维生素 E、磷脂、核酸等护肤成分高的花粉，并从中提取各种有效成分，研制成花粉营养霜等系列化妆品，经临床试用表明，用后皮肤舒适，滋润变白，对祛皱纹，祛黄褐斑等具有独特功效。

中国农业科学院蜜蜂研究所蜂产品研究室的蜂产品专家董捷、张红诚等分别利用杏花花粉、向日葵花粉、荷花花粉、荞麦花粉、茶花花粉、玫瑰花粉、油菜花粉及五味子花粉 8 种蜂花粉的醇提物，对酪氨酸酶催化反应的两个步骤的单酚氧化活性与二酚氧化活性进行抑制实验。结果表明，杏花蜂花粉对酪氨酸酶的单酚氧化活性是 8 种蜂花粉里面最强的，其对酪氨酸二酚氧化活性的抑制作用仅次于向日葵花粉醇提物。说明除了目前人们普遍认可的茶花、向日葵、荷花花粉有良好的美白作用外，杏花花粉也有非常好的对酪氨酸酶的抑制作用，可以开发出具有美白功效化妆品的良好蜂花粉原料。

小贴士：　酪氨酸酶的美白机理

酪氨酸酶又称多酚氧化酶，广泛存在于动植物体内，是黑色素产生途径中的主要限速酶。酪氨酸酶催化反应主要分两步：第一步能够催化单酚羟化成二酚，表现出单酚氧化活性，即以酪氨酸为底物生成多巴；第二步把二酚氧化成醌，表现出二酚氧化活性，即以多巴为底物生成多巴醌，最终醌经非酶褐变形成黑色素。

人体中缺乏酪氨酸酶将导致代谢性病变——白化病，相反该酶活力过高，又可形成黑色素瘤。同样雀斑、黄褐斑、老人斑的形成，实际上也是因体内酪氨酸代谢的失调和色素的异常沉积造成的。抑制酪氨酸酶活性，可改善皮肤中色素细胞的酪氨酸酶的代谢，阻止色素沉着的形成。杏花花粉的醇提物主要成分是多酚与黄酮类物质，其对酪氨酸酶有一定的抑制作用。

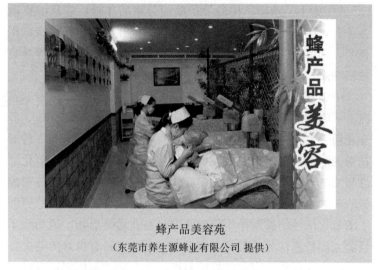

蜂产品美容苑

（东莞市养生源蜂业有限公司 提供）

2. 蜂花粉化妆品的开发应用前景广阔

皮肤是人体最大的器官，是最引人注目的美感器官。蜂产品营养丰富，是滋补珍品，且含有许多护肤活性因子，是人类重要的天然美容护肤基料。用蜂产品作为原料制成人类美容护肤品，供人们护肤美容有很好的应用前景。

当前蜂产品的美容研究尚处于初级阶段，有两方面原因，一方面，是因为蜂业工作者缺乏基本的美容及皮肤生理、护理学知识，另一方面，是因为美容工作者不了解蜂产品。

皮肤的健康与遗传、生理、环境、营养等多方面的因素有关，问题皮肤出现的表型和原因也多种多样。对于有损容颜的问题皮肤，不仅要从生活、饮食、心理和生理调节等多个方面做好护理与调养工作，注意保持合理的生活规律及心理健康，还要合理地使用美容护肤品。蜂产品用于美容时，常常是作为美容功能因子的提供者。

开发蜂产品美容护肤品，必须根据生理、生化、药理及化妆品的基本理论，深入研究蜂产品与皮肤生理及美容护肤的关系，确定蜂产品中的护肤功能因子，设计出合理的配方，需要注意以下几点：

（1）确定对象人群与美容目标功能

蜂产品含有多种美容护肤功能因子，是一种新兴的多功能美容原料，但它并不是一种全能性的美容品。美容护肤品是一种针对性很强的产品，要开发蜂产品美容产品，首先必须确定开发的产品适合的人群、针对的皮肤类型以及所希望达到的美容效果。

（2）分离获取蜂产品当中的美容功能因子

确定所希望的美容效果后，就应结合美容学的功能评价方法及生化分离手段进行活性成分的分离与纯化，分离其主要活性成分，并研究其结构和美容机理。

（3）蜂产品护肤美容功能因子与皮肤动力学研究

在用蜂产品进行美容处理或开发蜂产品护肤品时，应充分考虑到影响皮肤吸收的因素。如，先做深层皮肤护理清除角质层外面的皮脂膜，有利于化妆品中有效物质更好地吸收；将美容品涂于鼻翼两侧利于吸收，美容时提高表皮温度有利于活性成分的吸收等。在制备蜂产品美容品时，还要根据皮肤动力学加入适当的载体，使最终产品更有利于活性成分吸收。

（4）设计出合理的美容品配方

根据蜂产品的美容活性，结合美容材料的最新发展与典型技术，合理配伍活性成分。例如针对色素皮肤的化妆品，由剥脱角质剂、表皮细胞生长促进剂、美白与增白剂、防晒剂等相配伍而成；再如针对皮肤衰老的化妆品，其功能组分主要由保湿剂、皮肤营养剂、表皮细胞生长促进剂、激素补充剂等组成。除功能组分配方正确外，还应充分了解和考虑化妆品的类别、性质、组方、乳化过程及功效等，设计正确的美容基质。

三、蜂花粉的美容验方

蜂花粉不仅可以吃，还可以外敷用来美容，它不仅能生发、护发、护肤、治疗面部疾患，而且还有瘦身减肥的作用。在常见蜂花粉中茶花蜂花粉、杏花蜂花粉、向日葵蜂花粉、荷花蜂花粉是美白作用最好的蜂花粉，适合做膏、霜、面膜等外敷美白肌肤。使用花粉美容的方法很多，不同的情况可选用不同的方法。下述蜂花粉美容方法可供读者参考。这些原料易得、方法简单，可自己动手制作，经常使用可达到由内而外的美容效果。

1. 蜂花粉膏霜类验方

（1）蜂花粉醋膏

原料：新鲜蜂花粉30克，白醋15毫升。

制作与用法：将新鲜蜂花粉挑去杂质，浸泡在白醋中12小时，捣细过滤成膏状即可。洗脸后取少许于手心中，轻轻揉搓到面部，每日1次。

功效：营养皮肤和增白，对褐斑、粉刺等有治疗效果。

（2）蜂花粉醇膏

原料：蜂花粉50克，无菌水60毫升，乙醇40毫升。

制作与用法：将蜂花粉磨细成粉，放入无菌水中泡24小时，滤出上清液，其渣用75%的乙醇浸提24小时，滤除沉渣后，将二液合并，用减压浓缩装置浓缩到50毫升。洗脸后，取少许于手心，搽抹到脸部，均匀涂搽一层，每日1次。

功效：经常使用此方可使皮肤细腻白润，褐斑消退，展露红润。

（3）蜂花粉姜汁膏

原料：新鲜蜂花粉10克，姜汁5克，1%蜂胶酊2毫升。

制作与用法：将新鲜蜂花粉与姜汁和蜂胶酊混合，研细调匀成膏，备用。用时先洗净脸面，取少许于手心，搓揉到面部，每日 1 次。

功效：此方适用于痤疮、雀斑患者，经常用可使面色光泽、红润。

（4）蜂花粉润肤霜

原料：破壁或经超细风选粉碎的蜂花粉 70 克，洋槐蜂蜜 20 克，白酒 10 毫升。

制作与用法：将蜂花粉和蜂蜜与白酒混合，调制成润肤霜，每日取一点放入手心，涂抹脸部，要求均匀涂薄薄一层，每日 1 次。

功效：经常使用此方，可使皮肤细嫩，皱纹减少，表面光洁润亮。

（5）蜂花粉胡萝卜汁膏

原料：榨取胡萝卜汁 20 毫升，新鲜蜂花粉 70 克，5％蜂胶酊 10 毫升。

制作与用法：将胡萝卜汁与蜂花粉混合，研细成膏，加入蜂胶酊调匀即可。用时，涂抹脸面薄薄一层，揉搓均匀，每日 1 次。

功效：此方对青春痘有消退作用，经常使用可使皮肤健美富有弹性和光泽。

（6）蜂花粉黄瓜汁膏

原料：榨取黄瓜汁 10 毫升，新鲜蜂花粉 10 克。

制作与用法：将蜂花粉与黄瓜汁混合，调制成膏。睡前 1～2 小洗脸后，将之涂抹于面部，睡前洗去，每日 1 次。

功效：此方能养颜、除皱、美容，有较好的增白作用。

（7）蜂花粉石榴膏

原料：新鲜蜂花粉 70 克，熟石榴 2 个，醋 100 毫升。

制作与用法：将蜂花粉与石榴籽同时放在醋中浸泡 80～100 小时，取出捣烂成膏状，以滤网滤除渣后备用。每日洗脸后取少许于手心，搓揉到面部。

功效：此方能养颜、除皱、祛斑，可使皮肤细嫩有弹性。

（8）蜂花粉人参膏

原料：人参 20 克，新鲜蜂花粉 60 克，白酒 100 毫升，蜂蜜 50 克。

制作与用法：先将人参捣碎，与新鲜蜂花粉一同放入白酒中浸泡 4～5 日，进一步研磨后沉淀 1 日，过滤除渣，以其滤液与 50 克蜂蜜混合，调匀，每日早晚搽面部。

功效：此方能营养滋润皮肤，可使皮肤细腻润白，皱纹减少，富有光泽。

（9）蜂花粉净面霜

原料：破壁蜂花粉 10 克，芦荟叶汁 5 克。

制作与用法：将破壁蜂花粉与芦荟汁混合调匀，配制成膏。用时，先用食醋洗净患处，再用蜂花粉芦荟膏涂敷于患处，同时在面部轻轻抹一层，每日 1 次。

功效：此方能营养润白皮肤，尤其对面部痤疮有特效。

（10）蜂花粉蜂蜜美容膏

原料：蜂花粉、蜂蜜各适量。

制作与用法：选用破壁蜂花粉 25 克，与 2 倍白色蜂蜜 50 克混合，调制成浆状。温水洗脸后，均匀涂抹到面部一层，保持 30 分钟，洗去，每隔 1～2 日 1 次。亦可早晚食用，每次 5～10 克。

功效：养肤润肤，可使皮肤柔嫩、细腻、健美。

2. 蜂花粉面膜类

（1）蜂花粉保湿面膜

原料：蜂花粉 30 克，蜂蜜 30 克，鸡蛋黄 1 个，苹果汁 20 毫升。

制作与用法：选破壁或超细粉碎的蜂花粉细末，与蜂蜜、蛋黄、苹果汁混合，调制成膏。洗脸后，向面部均匀涂抹一层，待自然干后保持 20～30 分钟，以温水洗去，每日 1 次。

功效：适用于干燥性皮肤者，可起到滋润、营养、增白、祛斑的效果。

（2）蜂花粉美白面膜

原料：新鲜蜂花粉 10 克，鸡蛋清半个。

制作与用法：取鸡蛋清半个于碗中，放入新鲜蜂花粉与蛋清调匀，傍晚温水洗脸后，均匀涂抹一层，轻轻按摩片刻，保持 30～40 分钟，洗去，每日 1 次。

功效：润肤养肤，增白祛斑，还可减少脸部皱纹。

（3）蜂花粉除皱面膜

原料：蜂花粉 5 克，鸡蛋 1 个，黄瓜半根。

制作与用法：先将黄瓜取汁，然后用黄瓜汁均匀涂脸，稍停一会，再涂鸡蛋清与花粉搅成的糊，涂 2～3 层，保持 30 分钟，然后用清水洗去。

功效：本方能够增白面部皮肤，祛皱，适应于养颜除皱美容。

（4）蜂花粉祛斑面膜

原料：杏花粉 10 克，桃花粉 10 克，梨花粉 10 克，蜂蜜 20 克。

制作与用法：将 3 种花粉放入蜂蜜中调和，随时涂抹面部。

功效：本方适用于去除面部黄褐斑、黑斑。

（5）蜂花粉滋润面膜

原料：蜂花粉、鸡蛋。

制作与用法：将蜂花粉磨成极细的粉末，用 1 茶匙花粉末和一个鸡蛋黄混合，油性皮肤可以加入几滴柠檬汁，其他类型皮肤可以加一茶匙鲜奶油调好后涂在脸部和颈部，20～30 分钟用清水洗净，每周做 1～2 次。

功效：持之以恒，会使皮肤保持光亮、润滑、细嫩。

3. 蜂花粉护肤液、护发乳

（1）蜂花粉护肤液

原料：花粉、食盐水。

制作与用法：取少许花粉和食盐，溶于温水中，每日早、晚两次洗脸，边洗边按摩。

功效：护肤，美容。

（2）蜂花粉发乳

原料：破壁蜂花粉3克，鲜牛奶5克，2％蜂胶酊1毫升。

制作与用法：将3种原料混合调匀，制成蜂花粉发乳备用。洗净头发后，将发乳涂抹在头发上，用手轻轻搓揉片刻，使之在头发及头皮上分布均匀，保持10分钟以上，洗净。每2～3日1次。

功效：有养发、护发、生发作用，经常使用可防治断发，并使头发乌黑光亮有柔性。

第二节　蜂花粉帮你强健身体

作为大自然赐给人类的神奇花粉，蜂花粉已被世界各国广为研究、开发和利用。天然蜂花粉营养全面，能克服人体新陈代谢中出现的各种生理失调，从而增强机体免疫力，强身健体。

一、蜂花粉可增强人体免疫力

人体的免疫系统，具有防御机体免遭细菌、病毒、肿瘤细胞侵害的作用。人体会因各种原因导致免疫功能降低，尽管其机理不尽相同，但都涉及机体内营养成分的利用和平衡问题。蜂花粉的多种营养成分能被机体吸收利用，产生良好的营养效果，对维持机体正常的免疫功能和调节免疫功能下降均有重要作用。

蜂花粉能刺激胸腺分泌量增大，提高 T 淋巴细胞和巨噬细胞的数量和功能，增强机体的免疫能力，从而预防各种疾病的发生。蜂花粉能提高机体血清免疫球蛋白 IgG 的水平，起到促进巨噬细胞吞噬作用的效果。能增强抵御细菌、病毒的能力及中和毒素的功能。

科学家证实蜂花粉能提高小鼠对静脉注射碳粒的吞噬指数和吞噬系数，增强小鼠单核巨噬细胞系统吞噬碳粒的能力，此外，蜂花粉还能激活肝脏巨噬细胞的吞噬活动，提高肝脏巨噬细胞的吞噬碳粒的能力。这些都表明蜂花粉有提高机体体液免疫的作用，而且能增强受辐射小鼠胸腺素活性，对白细胞、红细胞和血小板恢复有促进作用。

相关研究慢性苯中毒患者服用蜂花粉后，白细胞总数上升，血红细胞、红细胞及血小板值高，中性核细胞碱性磷酸酶和中性粒细胞中毒颗粒值均下降。

随着多糖抗癌、增强机体免疫力功能被证实，花粉因含有丰富的花粉多糖，其增强机体免疫力、抗癌治癌功能也初步得到国内外学者的认可。

通过观察蜂花粉提取液对正常小鼠，患瘤小鼠以及免疫功能低下小鼠胸腺中 T 淋巴细胞及其亚群数量变动的影响研究，结果表明，正常小鼠实验组胸腺中 T 淋巴细胞数量均高于对照组，患瘤小鼠数量降低。蜂花粉提取液处理后的患瘤小鼠胸腺中 T 淋巴细胞数量则增高。同时，该提取液能提高免疫功能低下小鼠胸腺中 T 淋巴细胞的数量，说明蜂花粉提取液具有促进小鼠免疫细胞活性的作用。

蜂花粉在世界范围内服用量最大的地区，很少出现感冒流行趋势。据观察研究，北欧人服用花粉较普遍，在瑞典曾发生一次广泛的流行性感冒，当时有一重工业公司为了防止感冒，全厂工人服用花粉试剂。结果在 510 人中患流感的只有 9 人，98％的人没有得病，而且 9 名流感病人比不服花粉的病人症状要轻得多。在法国，当人们患了感冒或腹泻，也会根据病情加食蜂花粉，经常服用蜂花粉可以起到预防感冒的作用，这与蜂花粉可以提高人体免疫力密不可分。

提高免疫力作用较好的蜂花粉主要有油菜花粉、玉米花粉、杏花花粉、黄芪花粉等。

二、蜂花粉可改善亚健康、抗疲劳

1. 蜂花粉治未病

亚健康主要表现为不明原因或排除疾病原因的体力疲劳、虚弱、周身不适、性功能下降和月经周期紊乱等。在中医学中称"称病"。《黄帝内经》曰："圣人不治已病治未病，夫病已成而后药之，乱已成而后治之，譬犹渴而穿井，斗而铸兵，不亦晚乎？"因此，对疾病应未雨绸缪，防患于未然。

蜂花粉中的蛋白质、氨基酸、维生素、微量元素、核酸、多种酶等物质促进和参与机体的造血过程，加强造血系统功能，提高机体细胞免疫和体液免疫功能，调节消化、神经及其他系统的平衡，从而促进食欲，对增强体细胞活力和促进组织再生有积极作用，并有效地调节机体的代谢功能。代谢能力的提高、免疫力的加强、睡眠的改善和营养的丰富保证了机体各器官的正常运行，疲劳得到消除，精神饱满，从而使亚健康状况向健康方向转化。

2. 可抗疲劳

从20世界70年代开始，很多国家就把花粉作为运动员的营养补充剂，用来增强运动员的体力。时至今日，蜂花粉早已成为运动员的抗疲劳的宠儿。

近十年来，关于花粉抗疲劳的研究更多，我国卫生部、国家药品食品管理局都审批了很多花粉抗疲劳保健食品，深受广大消费者的欢迎。

现今生活节奏加快了，人们各种各样的压力增多了，常会感觉到身心疲劳。无论是体力劳动者，还是脑力劳动者，无论是老人，还是年轻人，都会出现疲劳状况，当出现疲劳时，或者想事先预防疲劳、减轻疲劳时，您要选择的最佳天然食品就是蜂花粉。抗疲劳作用较好的蜂花粉有杏花花粉、荷花花粉、玉米花粉、向日葵花粉等。

三、蜂花粉抗衰老、延年益寿

人体内超氧化物歧化酶（SOD）、过氧化脂质（LPO）和脂褐质含量与机体衰老有关。SOD 活性的提高、LPO 及脂褐质含量的降低，有助于延缓机体的衰老。蜂花粉由于其所含的营养成分有助于提高 SOD 的活性，并会降低 LPO 和脂褐质的含量，从而有增强体质和延缓衰老的作用。

蜂花粉的抗衰老功效，主要是作用于中枢神经系统，促使下丘脑和各种垂体增强活动能力，延长活力时间。从免疫学上讲，随着年龄增长，免疫系统随之发生衰退，导致功能下降，机体衰老。而蜂花粉可以使 T 淋巴细胞、巨噬细胞增加，使机体免疫功能增强，从而也就延缓了机体衰老的过程。

美国 S·法兰克博士认为，吃核酸多的食物可使细胞再生，预防老化和各种慢性病，而蜂花粉中核酸含量相当高，可延缓老化。苏联科学院老年人研究所对高加索 200 多位百岁以上的老年人进行调查后发现，这些高龄老人大部分是养蜂者，他们经常食用蜂花粉。因此，苏联生物化学家经临床试验，每日服用花粉 12 克，服用 2 个月后，参与试验者中有 37％的人睡眠改善、63.7％的人体力增加，记忆力明显提高，血睾酮、雌二醇水平均有增加，由此说明蜂花粉能改善老年人的体质，起到抗衰延寿的效用。

近年来，研究人员开展了抗衰老动物模型试验，观察动物不同脑区组织中超氧化物酶（SOD）、一氧化氮（NO）水平影响，显示花粉能够明显升高脑衰老动物某些脑区 SOD 活性和降低脑衰老动物某些脑区（NO）水平，表明蜂花粉具有延缓衰老和增强记忆力等作用。在细胞水平上，蜂花粉对海马、纹状体和下丘脑区的组织细胞具有修复作用，证明蜂花粉对海马、纹状体和下丘脑等脑区的单个细胞 DNA 具有预防其损伤的作用，为蜂花粉可作为预防及修复 DNA 损伤的保护提供了理论依据。

油菜蜂花粉
（石艳丽 摄）

抗衰老作用较显著的蜂花粉有黄芪花粉、苹果花粉、向日葵花粉、茶花花粉、油菜花粉等。

小贴士： 食用蜂花粉健康走到 90 多岁的两位老专家

园艺专家吴耕民

国家星火计划项目，"新型蜂花粉产品开发"审验会 1987 年 3 月 24～25 日在浙江杭州召开，著名营养专家于若木同志，对用蜂花粉保健的研究与开发高度重视，亲自到会并发表讲话。

在这次国家星火计划项目审验会上，时年 92 岁的浙江农业大学吴耕民教授健步走向主席台，声音洪亮，语言风趣地介绍他食用蜂花粉的体验："出生于一八九六，虚度春秋九二，幸服了蜜蜂花粉，胃口睡眠正常，足轻健步当车，日走二十里不疲，年虽已届耄耋，尚无龙钟老态，皇浆花粉保健，对我确实灵验，国家大会验收，我特如实汇报，一生从事科教，求是精神至上，决非信口雌黄。"

92 岁的吴耕民教授思维敏捷、记忆超人，即席写下了发言全文，载《蜂产品与蜂疗》报 1987 年 4 月第 4 期刊出。

吴耕民教授早年留学日本，后又赴欧洲多国考察，是浙江农业大学一级教授、中国园艺学会名誉理事长、我国园艺学科的开创者，1982 年以来，他亘续服用蜂花粉，精神矍铄，行动敏捷，在执教果树园艺学 76 年之余，孜孜于写作，发表论文 34 篇、专著 23 部，累计达千万字以上。

他还受邀《蜂产品与蜂疗》报题词，人服蜂乳花粉，延年益寿。蜂传花粉授粉，农作物丰收。人寿年丰，盛世大治。万民同庆，其乐无穷！敬祝《蜂产品与蜂疗》为民益寿造产，功德无量！吴耕民（加盖印章）于杭州农大寓所，1987 年六一儿童节载该报 1987 年 6 月第 6 期头版。92 岁老人的心态是年青的，他特选儿童的节日题词。

吴老服用蜂花粉近十年，健康走到 96 岁，1991 年 11 月去世、他既是花粉养生的受益者，也是坚持步行活动的老人，他说生命在于运动。1988 年 10 月 9 日，去住所拜访者进门时见他正在伏案书写专业论著，当时已 93 高龄。他每日坚持适度运动，风雨无阻，晚年仍每天分次散步，下雨天就在阳台上来回走动。

药剂学家刘国杰

参加这次国家星火计划项目审验会的还有中国药科大学刘国杰教授，他是药剂学家，1950 年获美国密歇根大学医学院药剂学硕士学位，同年回国。先后在齐鲁大学、南京药学院和中国药科大学执教药剂学。是中国药学会常务理事和药剂学分会第一、第二届主任。

他在任南京药学院药剂学教研组主任时，主编由人民卫生出版社出版的 1985 年版《药剂学》，该书 16 开本，内容 1 425 页，共 41 章，概括了当代药剂学的全貌。刘国杰教授时年已 70 岁，亲自为该书写了前言、第一章总论和第三十七章临床药剂学概论。

《蜂产品与蜂疗》报1987年4月第4期曾刊出"刘国杰教授谈蜂花粉"，他说："蜂产品资源丰富实践经验告诉我们蜂花粉和王浆对养生延年有好处。长期临床实践发现，许多化学合成药或用微生物生产的抗生素不是理想的药物。近些年各国学者又致力于从天然资源甚至从人体内寻找药物。传统中药材有上千年的应用史和验证记载，是中国科学宝库的重要部分。花粉是传统中药材之一，中国开发综合利用蜂花粉应该走在前面。"刘国杰教授参加此审验会时已满72周岁，他身体状况良好、谈笑风生，对自己食用花粉养生保健、延年益寿充满信心。刘老直到2006年3月21日在南京去世，晚年一直都食用蜂花粉保健，健康的活到91岁。

小贴士：　蜂王浆、蜂花粉蜜膏防治衰老综合征效果好

目前我国已进入老龄化社会，衰老是人体机能发生的一系列改变，如新陈代谢失调、免疫机能下降、内分泌功能紊乱、应急能力降低和脏腑机能减退等。衰老综合征是随着年龄的增大，人体机能表现出的一系列症状，如人体瘦弱、精神萎靡、皮肤灰暗、老年斑、皱纹、容易得病或旧病复发等。为了缓解衰老的发生和发展，湖南娄底市中心医院的姚海春医生等做了相应的临床实验，选用蜂王浆花粉蜜膏防治衰老综合征，取得了明显效果。

（1）接受试验人员的选择

随机选择108位离退休人员，自愿接受治疗，男45例，女63例，年龄55～72岁，平均年龄63岁。其中处于更年期的65例，无明显重大疾病的96例。临床表现，患有不同程度失眠症的35例，食欲缺乏的28例，容易感冒或旧病复发的32例，明显性格改变的26例，应急反应能力降低的18例，伴有高血压病的5例，慢性肾炎的1例，支气管炎的6例。

（2）治疗方法

将新鲜蜂王浆 50 克，茶花粉 200 克，党参蜂蜜 1 000 克，调制成蜜膏，为一疗程剂量。具体制作方法为，先将鲜蜂王浆与蜂蜜拌匀，然后将蜂花粉研碎成粉末，再与王浆蜜搅拌均匀即成，装瓶冷藏备用。也可将蜂王浆、蜂花粉末、蜂蜜分别装瓶，现用现配。

（3）治疗结果

服用 1 疗程后，自觉症状改善的为 18 例，症状基本得到改善的 62 例，自觉改善不明显的 28 例。服用两个疗程后明显优于第 1 个疗程，慢性支气管炎病人症状减轻明显。

处于更年期的人，正是人体机能发生转变，内分泌失调时，如不及时纠正，就会出现衰老综合征的一系列症状。蜂王浆花粉蜜可以调理人体脏腑机能，平衡内分泌功能，达到扶正抗邪、强身健体作用。蜂王浆花粉蜜膏，对大多数老年人均有一定疗效，随着服用疗程的增加，疗效也会更加明显，可将其作为老年人日常生活的营养补充剂，也可作为防治衰老、强身祛病的保健品，还可以作为病后调养的辅助营养药品。

四、蜂花粉可辅助预防骨质疏松

蜂花粉有增强骨质及补钙作用，近年来日益引起人们的重视。蜂花粉中含有 50 多种矿物元素，其中包括丰富的对骨骼形成起重要作用的矿物质，如钙、磷、镁等。尤其重要的是，它们的平衡补充对骨的形成有重要作用。为了提高钙的吸收率，需要同时吸取维生素 D_2，为了形成健壮的骨质，蛋白质以及维生素 C 不可缺少，而蜂花粉中均含有均衡丰富的上述营养素。

对预防和治疗骨质疏松较好的蜂花粉有紫云英花粉、茶花花粉、荞麦花粉、芝麻花粉等。

五、蜂花粉可帮助减肥

据报道，世界各国的肥胖人数已突破 12 亿，就美国而言，有 35％的女人和 31％的男人出现肥胖症状，每年用于治疗肥胖的费用高达 400 万亿美元。在我国，患肥胖人数也呈居高不下的态势，几乎占到人口总数的 10％。

现代研究表明，肥胖的发生，除遗传因素外，主要是因为体内某些营养物质严重缺乏，机体营养失衡、代谢失衡，使摄入的能量物质不能完全代谢释放，使体内脂肪过度蓄积，最终形成肥胖。当人体摄取的食物过多，即进食的热量超过人体所消耗的热量时，体内过多的热量就会转变为脂肪（主要是甘油三酯）大量蓄积，致使脂肪异常增加，体重超标，因此，在摄取食物时一定要注意能量的平衡。一般的减肥方法，是限制能量物质的摄入。然而，简单地限制食物的摄入，不仅不能从根本上减肥，还会造成身体进一步营养不良，代谢进一步紊乱。过度的长期限制食物摄入，不仅会使体质下降，还极易导致心理饥饿，甚至会引起心率失常，诱发心血管疾病。

试验表明，用一定量的蜂花粉饲喂肥胖的老鼠，在 6 个月内，不但使其体内 ATP 的循环速度大大加快，还能减少过多的脂肪沉积和改善血清胰岛素的含量，同时影响甲状腺向三碘甲状腺原氨酸的转化，抑制肥胖老鼠体内的肝脂肪合成，阻止肥胖基因的突变，从而起到抗肥胖作用。蜂花粉能降低因食物致肥和遗传性肥胖老鼠的胆固醇和血脂，这说明蜂花粉具有降低肥胖老鼠体内脂肪含量并加速能量代谢、增加饱腹感、限制能量摄入的作用和抗突变特性。

蜂花粉是身体肥胖的调节剂，因蜂花粉中的良质营养素除了可以有效抵抗体内肥胖基因突变，产生足够的基因表达产物外，还具有激素样作用，能调节体内脂肪储存量。从脂肪组织分泌到血液里，通过血脑屏障作用于丘脑腹外侧核上的受体把信息传入，抑制食物和调节能量消耗，起到减肥作用。

因此，吃新鲜的，营养全的，维生素、活性酶含量高的，优质蛋白质含量丰富的食物，是保持身体正常代谢的基础，也是保持体质使身材不消瘦也不发胖的基础。

蜂花粉中含有丰富的维生素、酶类、蛋白质类物质，取食少量的蜂花粉就可以满足身体正常代谢的需要。而且，蜂花粉本身脂类物质含量很少，B族维生素含量又特别丰富，可以使脂肪充分代谢转为能量，使体内脂肪减少，是一种最好的不伤身体又能滋养皮肤的减肥方法。

法国花粉研究专家 Ali Caillas 说："花粉能使消瘦者在其他疗法宣布无效的情况下强壮起来，而肥胖者服用蜂花粉能够减轻体重，因为花粉有双向调节的作用。"现在，日本、欧美等国家的"花粉减肥方法"已成为一种流行的自然美减肥方法，特别是患高血压、高血脂、冠心病、糖尿病的肥胖者，花粉既能给身体补充营养，使机体的代谢正常，把肥胖者的高血压、高血脂、高血糖降为正常，又能在使用花粉的同时达到减肥的效果。

目前还没有任何一种天然食品或药物能与蜂花粉媲美，获得如此惊人的减肥效果。蜂花粉不是药，应坚持长期服用，减肥效果才会显著。

减肥作用较好的蜂花粉有油菜花粉、玉米花粉、向日葵花粉、紫云英花粉、南瓜花粉、苹果花粉等。

小贴士：　花粉、倭瓜、蜂蜜的减肥效果好

成熟倭瓜（也叫南瓜）一个，洗净，去蒂、去瓤后称重，放在锅中加等量水（不加任何调料和油盐），煮开后加入瓜量 1/14 的蜂花粉，最好是西瓜、甜瓜类的蜂花粉，煮熟后取出放在盆内，待温度降到 60 ℃时加入原瓜量 1/4 的成熟蜂蜜搅拌后服用，每日4～5次，每次250～300克，凉食为佳。吃完后用同样方法再煮制，连续服10天减肥效果明显，而且无毒副作用。对食物致肥和遗传性肥胖患者均有效。

服用期间会大量排尿，这是倭瓜利尿解毒的作用，倭瓜还有强肾消除体内尿酸尿素之功效，以及保肝解酒毒、抗疲劳的作用。这三种物料极易获取，食用方便又不忌其他食物，减肥效果超过很多减肥食品和减肥药物。此外，还可将倭瓜晾干制成干粉，干粉密封贮存可保存3年。用于减肥时取50克干粉用白开水冲开，待温度降到80℃时加15克蜂花粉，搅拌均匀，待温度降至50℃时加入20克蜂蜜搅匀后服用，每日3次，连续服用10天也能收到较好的减肥效果。

第四章

蜂花粉要这样吃

蜂花粉营养非常丰富，因此也是微生物等繁殖的良好培养基，灭菌或储存不当都会造成蜂花粉变质，误食会影响人体健康。还有极少数过敏体质的人食用蜂花粉时有可能会引起过敏反应，因此在蜂花粉生产采集、加工销售、食用过程中都应引起高度重视，用正确的方法处理、保存和食用蜂花粉。

第一节　蜂花粉要这样吃

我国是历史上应用花粉较早的国家，早在唐朝，宫廷中就有花粉糕、花粉饼等制品，这些制品的制作工艺在当时已比较先进，例如采用了发酵或捣细等工艺，这些工艺至今仍被沿用。随着人民生活水平的提高，蜂花粉及其制品的需求量越来越大，并在原有基础上有了很大的发展，品种大大增多，消费群也普及到广大老百姓，成为社会各个阶层普遍欢迎的天然保健品。众多蜂花粉制品也应运而生，成为市场上的畅销品。

蜂花粉的吃法多种多样，经过卫生消毒的蜂花粉可以直接嚼服，也可以用温开水、果汁或牛奶将蜂花粉泡开饮用，更可以将蜂花粉与其他食材、中药材等配伍做成膏剂、甜点、米糕、粥糊、冲剂等食用，市场也有许多蜂花粉片剂、花粉糖果等制品，食用起来更加便捷。下面就常见的食用蜂花粉方法做一简要介绍。

一、蜂花粉直接食用

消毒后的蜂花粉可以直接放入口中嚼食，可以一种蜂花粉单独食用，也可以几种蜂花粉混合搭配食用。不同品种的蜂花粉营养成分不尽相同，为营养更加均衡丰富，数种蜂花粉搭配食用效果更好。

蜂花粉最好是在每日早餐前和晚睡前食用，但有些人空腹食用蜂花粉会感到胃胀不适，这类人亦可饭后食用。

蜂花粉作为食品的食用量没有严格规定，可因人而异，每天5～30克为宜。根据国内外资料和学者研究及临床验证，保健剂量一般推荐为5～10克/天，一般治疗15～20克/天，前列腺、肿瘤等疾病可增加到30克/天。根据自身感觉反应可做适当调整。

二、蜂花粉自制蜜乳

1. 花粉蜜

将蜂花粉与蜂蜜混合后，充分搅拌均匀，制成糊状花粉蜜，完好地保持了花粉与蜂蜜的天然成分，装瓶保存，开瓶即可食用，深受青睐。

2. 蜂花粉蜂王浆蜜

蜂花粉50克、蜂王浆50克、蜂蜜150克充分混合，为1周保健使用量。配好后置于玻璃瓶中，冰箱冷藏保存，每日服用2～3次，每次1茶匙。市售蜂制品称其为"三宝素"深受消费者欢迎。

花粉蜜
（石艳丽 摄）

3. 蜂花粉芦荟蜜

蜂花粉 20 克、芦荟汁 75 克、蜂蜜 250 克混合充分搅拌，每日饭前 30 分钟服用 1 茶匙，1 周食用完。

4. 蜂花粉牛奶蜂蜜

破壁蜂花粉 20 克、蜂蜜 100 克、煮沸灭菌鲜牛奶 200 克混合，装入玻璃瓶中密封冷藏，每日饭前服用 1 茶匙或涂抹于面包上食用，1 周食用完。

5. 芝麻花粉蜜膏

黑芝麻 50 克蒸熟捣碎，蜂花粉 50 克研成粉末，拌入蜂蜜 150 克成膏状，为 1 周食用量，冷藏储存。

6. 枣楂花粉苡仁粥

糯米 100 克，大枣 30 克，薏苡仁 50 克，加水文火煎煮成粥后，加入山楂蜜或枣花蜂蜜 30 克、山楂蜂花粉 20 克拌匀，每日食用。

7. 党参花粉蜜膏

党参蜂蜜 150 克、党参蜂花粉 50 克浸透搅匀成膏。

8. 归桃芝麻花粉蜜膏

黑芝麻炒熟研磨成细粉。当归、桃仁各 100 克，水煎煮去渣取液，以小火煎熬浓缩，加黑芝麻粉 50 克、蜂花粉 50 克调至成膏，加蜂蜜 150 克再煎，至沸停火，装瓶冷藏，可食用 1 周。

三、蜂花粉配成膏剂

1. 归芪花粉蜜膏

黄芪、当归按临床比例（5∶1）量，加水适量加热煎煮，去渣取煎液，以小火煎熬浓缩，配以花粉、蜂蜜调制成膏。

2. 归芪银花甘草蜜膏

将黄芪、当归、金银花、生甘草遵医用量，水煎浓缩，配以花粉、蜂蜜搅匀成膏。

3. 归芎花粉口服液

将当归、蜂花粉 10 克研成细末，用蜂蜜 20 克调匀，白芍、川芎、当归、熟地黄煎水，并花粉、蜂蜜温热冲服。

4. 田七花粉蜜口服液

荞麦蜂花粉经水和乙醇浸泡，提取其营养成分，与蜂蜜拌匀，添加田七提取液加工成。

5. 甘草柑橘花粉蜜膏

陈皮、甘草水煎煮去渣取液，小火煎熬浓缩，加柑橘蜂花粉末调至成膏时，加柑橘蜜 1 倍再煎，至沸停火，待冷，装瓶备用。

四、蜂花粉小食品

1. 蜂花粉米糕

大米（小米、燕麦）为主料，配以花粉、蜂蜜、添加辅料（芝麻、桂花）调制加工，与米共研，压制成糕，当点心食用。工作前食之可提高工作效率，劳动后食之可补充体内消耗的能量，饥饿时食之有很好的饱腹感。

2. 蜂花粉黑芝麻粉

蜂花粉 500 克去杂、黑芝麻 500 克洗净，放入锅内炒熟后盛起冷却，白砂糖 500 克混匀，然后一起粉碎拌匀，密闭储藏，每次食用 50 克。

3. 玉米荞麦瓜类花粉丸

将玉米蜂花粉、荞麦蜂花粉、瓜类蜂花粉按照 80%、10%、10%的比例混合，破壁脱敏后，粉碎，添加淀粉、蜂蜜拌匀，压制成丸，可健脾消食，提高营养素的互补，调节营养平衡。

4. 荞麦油菜花粉片

将荞麦蜂花粉、油菜蜂花粉按一定比例混合粉碎成细粉，添加辅料，压制成片食用。

5. 花粉饼干

将蜂花粉粉碎后调入饼干原料中，制作成饼干，提高了饼干的档次，风味独特，营养全面，是饼干中的佳品。

6. 花粉面条

将蜂花粉粉碎后拌入面粉中，制作成面条，营养丰富，作用奇特。

7. 蜂花粉面包

将蜂花粉调入面粉，制作成面包食用，营养更加全面。

小贴士：　蜂花粉姜汁膏，内外兼修

中医认为，色斑多与人体阴阳失调、气血不和有很大关系。可见，淡化色斑不是局限于对局部斑块的处理，俗话说"治表先治内"。实践证明，在预防治疗受内分泌影响所引起的色素沉着时，蜂花粉有着独到的优点。

蜂花粉被誉为"浓缩的营养库"，内含多种活性蛋白酶、核酸、黄酮类化合物及其他活性物质，对于内分泌紊乱、表皮黑色素代谢具有辅助作用。

这里介绍一个用蜂花粉淡化色斑的方法，给有色斑困扰的女性朋友做个参考，但不适宜蜂花粉过敏人群。

材料：蜂花粉10克，生姜30克，蜂胶溶液2毫升。

制法：首先把生姜榨汁，一定要用老姜，效果会更好一些。蜂花粉颗粒磨碎（最好是破壁蜂花粉），加入到姜汁中，至于花粉品种最好选择杏花蜂花粉、茶花蜂花粉或向日葵蜂花粉，对肌肤美白作用较好。接着将蜂胶溶液倒入姜汁与蜂花粉的混合物中，搅拌均匀即成蜂花粉姜汁膏，放置冰箱内备用。

用法：先用温水洗脸，用食盐颗粒轻轻摩擦以去掉角质，然后取花粉姜汁膏少量于手心中，搓揉面部，每日1次。在使用花粉姜汁膏的同时，每日食用一些蜂蜜和蜂花粉内外兼修，效果更好。

五、蜂花粉制品

1. 花粉蜜膏

蜂花粉经过水提、醇提等工艺将花粉营养成分提取出来，再经回收乙醇、浓缩等工艺，使提取物与蜂蜜混合加工成为膏状，分装后直接上市。

也有的生产厂家将蜂花粉与蜂蜜按一定比例混合后，经胶体磨粉碎及灭菌消毒后直接装瓶销售，方便消费者开瓶即食。

2. 蜂宝素

以花粉、蜂蜜、蜂王浆和蜂胶液4种蜂产品为原料，配合制成糊状蜂宝素，其营养成分更加全面，应用范围更加宽广。

3. 花粉胶囊

将经过发酵破壁处理的蜂花粉，装入食用胶囊中，既有利于掌握用量，又便于外出时携带和服用，是一种比较理想的蜂花粉制剂。

4. 花粉片、花粉糖果

选用经发酵或超细粉碎制成的花粉细粉，配以白砂糖、葡萄糖等其他辅剂，压制成片状食用。

松花粉压片糖果　　　　　　花粉片
（韩胜明 摄）　　　　　　（石艳丽 摄）

5. 花粉晶

将蜂花粉用超细粉碎机粉碎成细末后添加进奶粉、蜂蜜等填充料，制成晶状物，分装成小包或装入瓶内，用时以温开水冲服，方便食用，便于存放。

6. 花粉冲剂

将蜂花粉经过超细粉碎或破壁后达到速溶程度后，配以谷豆薯粉、奶粉、白糖等混合后再超细粉碎，分装成小包，每次冲服 1 包。一般每袋约10～20克，含纯花粉 10克左右。

蜂花粉冲剂
（韩胜明 摄）

7. 强化蜂花粉

蜂花粉含有大量的维生素，但在干燥及贮存或加工过程中稍有不慎，就会造成维生素失活，服用纯花粉其口味也令有些人难以接受。因此，在蜂花粉粉碎后加入适量的维生素C、甜菊糖或白砂糖及其他一些强化剂或中药提取物，制成强化蜂花粉，可使花粉口感更佳。

8. 花粉口服液

通过温差等方法使花粉破壁，并反复提取，再添加蜂蜜或其他营养物，制成花粉口服液，装入安瓿瓶或其他包装中，按剂量定时服用，效果甚佳。

9. 花粉饮料

提取花粉营养成分制成花粉液，再加入蜂蜜、柠檬酸等精制成含有二氧化碳气体的营养型饮料，深受消费者欢迎。

10. 花粉汽酒

分别以乙醇和温差等方法，反复提取蜂花粉营养物，制成含醇的营养液，再充入二氧化碳气体，制成花粉汽酒。

11. 花粉补酒

以纯粮食酒提取花粉中营养物，使花粉的营养成分均匀地释放到白酒中，制成营养高、口感正的花粉补酒，使饮酒爱好者既享受着酒的滋味，又享受到花粉的营养。

12. 花粉酥糖

将花粉研细后，按一定比例强化到制糖原料中，制成酥又甜的糖块，经常含服可有健身美容的作用。

13. 花粉巧克力

将花粉添加到巧克力原料中，制成蜂花粉风味的巧克力制品，口感独特，可作为茶歇、学生课间小食品，补充营养和能量作用甚佳。

花粉制品含有丰富的营养素，容易变质，应该密封常温下保存，或是严格按说明书规定存放。超过有效期的花粉制品，应禁止食用。花粉制品有固体和液体之分，口服液如为一次服用的小瓶装应一次服完。大瓶包装分次服用的粉剂或液体，启封后应在短期内服食完，并注意冷藏保存，防止变质。

第二节　蜂花粉的卫生与安全食用

蜂花粉富含丰富的营养成分和生物活性物质，被人们誉为"全能的营养食品""浓缩的天然营养库"。蜜蜂采集花粉，养蜂人收集蜂花粉都是在室外进行，蜂花粉的整个生产过程都是在暴露的环境中完成，如果处置不当，微生物很容易滋生和大量繁殖，也非常容易生虫、发霉、变质，如果误食这样的蜂花粉，非但不能起到健康养生的目的，还会对身体造成伤害。未经脱敏处理的蜂花粉，过敏体质的人食用不当致敏也会对身体造成影响。另外，我国极少少数地区还存在花粉、花蜜有毒的蜜粉源植物，也曾出现过被误食造成中毒的极个别现象。因此，蜂花粉的卫生与安全食用尤为重要。

一、蜂花粉的卫生与消毒

显花植物花上的花药裸露在外，蜜蜂采集花粉并携带到蜂巢门口经过脱粉器被脱落下来，整个过程都是在暴露的野外环境下进行的，这种刚脱落还未经晾晒的蜂花粉含水量较高，特别有利于微生物的繁殖，经自然干燥过程，但不经灭菌处理的蜂花粉颗粒，菌落总数每克含有几千至几千万个不等，霉菌数量也很大。虽然多数微生物为非病原微生物，但一般不建议直接食用这种未经消毒的蜂花粉。

蜂农收集起来的这种蜂花粉多是在露天的太阳光环境下进行晾晒，在晾晒过程中难免还会受到许多昆虫的虫卵污染，一旦条件适宜，这些微生物及虫卵就会繁殖和孵化，使花粉变质或被蛀食。如果干燥不彻底，蜂花粉中水分含量过高（含水量超过 10％），或蜂花粉密封包装不严吸水受潮，常温下保存不当，蜂花粉就会发霉变质。误食这样的蜂花粉会引起腹泻等，对健康造成不良影响，因此蜂花粉必须经过严格消毒，达到相关卫生标准要求后方可食用。

人工挑拣蜂花粉
（东莞市养生源蜂业有限公司 提供）

1. 可直接食用蜂花粉的卫生指标

由中华人民共和国国家卫生和计划生育委员会，国家食品药品监督管理总局2016年12月23日发布，2017年6月23日实施的《食品安全国家标准 花粉（GB 31636—2016）》，对即食的花粉安全指标做了相关规定，规定了即食的预包装花粉产品的微生物限量应符合表4-1的要求。

表4-1 微生物限量

项 目	采访方案[a] 及限量				检验方法
	n	c	m	M	
菌落总数/(CFU/g)	5	2	10^3	10^4	GB 4789.2
大肠菌群/(MPN/g)	5	2	4.3	46	GB 4789.3
霉菌/(CFU/g) ≤	2×10^2				GB 4789.15

a. 样品的采样及处理按GB 4789.1执行。

2. 蜂花粉的卫生消毒

蜂产品加工企业将蜂花粉原料收购到企业后，首先采用气流干燥、电加热干燥（蜂花粉电热干燥机）或冷冻干燥等方法，除去蜂花粉中的水分，使其含水量降至8%以下。

蜂花粉电热干燥机

（韩胜明 摄）

蜂花粉灭菌的方法较多，主要有乙醇灭菌法、远红外线灭菌法、微波灭菌法、钴 60 辐照法等。蜂花粉经过灭菌处理后，将其分装到包装瓶或包装袋中。很多厂家用钴 60 辐照消毒，一般在包装后运至辐照源单位，委托其进行消毒。消毒后可以存放在冷库或冰柜中待售。

食用蜂花粉颗粒，一定要色泽鲜艳、颗粒整齐、无异味、不牙碜、无发霉、无虫卵、无蜜蜂翅、足等杂质。

3. 原料蜂花粉的家庭卫生消毒

有部分消费者因考虑到价格等因素会购买蜂农的原料蜂花粉，或自身饲养蜜蜂有便捷的蜂花粉来食用。为确保食用安全，在食用蜂花粉前，应将蜂花粉中的蜜蜂尸体等杂物挑拣干净，再对原料蜂花粉进行家庭消毒处理，灭菌后再进行食用和保存。下面就介绍几种简单易行的蜂花粉家庭消毒小方法供参考。

（1）酒精灭菌法

浓度 70%～75% 的酒精对微生物具有最强的杀灭效果，一般原料蜂花粉含水量在 8% 左右，可用市售食用酒精加纯净水配制成 80% 的酒精喷洒花粉消毒。

具体方法是，先将蜂花粉平摊在台板上，然后将配好的酒精溶液装入喷雾器中，对着蜂花粉喷洒酒精，边喷洒酒精边翻动蜂花粉，喷洒要均匀、彻底，喷洒过后尽快将消毒的蜂花粉装入塑料袋或密封瓶中密封保存，防止酒精挥发影响消毒效果，数小时后释放酒精即可食用。

（2）微波炉消毒法

微波炉灭菌原理除热效应作用外，光化学效用、电子共轭效用和磁力共轭效用对细菌都有杀伤作用，同时达到进一步脱水干燥的作用。用微波炉对蜂花粉进行灭菌处理，蜂花粉中的有效成分破坏较少，具有清洁、安全、迅速灭菌的特点。

方法是，将挑拣好的蜂花粉置于微波炉盘中，每次可消毒蜂花粉约 0.5 千克左右。先将微波炉的选择按钮调至高档火力，定时键每次设置为 30～60 秒。将挑选好的蜂花粉倒进微波炉盘中摊平，盘中心部位尽可能地空出向边缘逐渐加厚。启动微波炉开关，微波炉自动停机后，将微波炉盘取出，用干净汤匙或筷子翻动蜂花粉，使盘底和上部的蜂花粉变换位置，以防止因受热不均底部蜂花粉受热过多而被烤煳，这样反复消毒 3～6 次，总计约消毒 3 分钟，对微生物可起到很好的杀灭效果。用这种方法消毒的蜂花粉，常温放置半年后，菌落总数仍完全符合食品要求标准。

（3）远红外加热消毒法

远红外灭菌属于热力灭菌，蜂花粉采用远红外线照射，可起到灭菌和干燥的双重效果。

方法是，将挑拣好的蜂花粉放在远红外箱内平摊，将温度设定 60 ℃左右，烤约 2 小时，可起到彻底消毒作用。

（4）加热蒸汽消毒法

将挑拣好的蜂花粉直接置于蒸锅中用蒸汽灭菌消毒，原理是利用高温蒸汽杀灭蜂花粉中的微生物，优点是便捷易操作，缺点是高温会破坏蜂花粉中的温敏感营养物。

方法是，根据食用需求确定每次消毒量后，将蜂花粉置于蒸锅的笼屉布上，加热水开后，蒸汽消毒 10～15 分钟。待凉后取出，直接冷冻保存或加入蜂蜜搅成膏状冷冻或冷藏保存，每次按需取食。

二、食用蜂花粉的过敏问题

花粉过敏是一个比较敏感的问题。其实大多数人对花粉的过敏有误解，在这里要弄清楚花粉过敏症和食用花粉引起的过敏这两个概念。过敏体质者通过呼吸道吸入花粉引起的过敏体征与正常人食用蜂花粉引起的过敏体征，其致病因素和临床表现有着本质的区别。

1. 风媒花粉过敏症

花粉有风媒花粉和虫媒花粉之分，过敏体质的人因接触或吸入致敏花粉，出现各种过敏反应便会出现花粉过敏症，又称花粉症。

人体内有肥大细胞和嗜碱粒细胞，广泛分布于鼻黏膜、肠胃黏膜及皮肤下层结缔组织中的微血管周围和内脏器官的包膜中。当特异性抗原（花粉等）与过敏体质人机体中致敏的肥大细胞和嗜碱性粒细胞上的特异性免疫球蛋白 E（IgE）接触相互作用时，即可引起肥大细胞和嗜碱性粒细胞脱颗粒，释放出过敏介质组织胺，引起平滑肌收缩、毛细血管扩张、通透性增强、黏液分泌及组织损伤等过敏反应。特别当机体免疫能力低下，大量自由基对肥大细胞和嗜碱细胞的氧化破坏是过敏发生的内因。

风媒花粉粒小，质轻，干燥，易在空气中飘浮扩散，通过人的鼻子进入呼吸道或眼睛和皮肤接触引起过敏反应。花粉中含有的油质和多糖物质被吸入后，会被鼻腔的分泌物消化，随后释放出多种抗体，如果这种抗体和入侵的花粉再相遇，并大量积蓄，就会引起过敏。如过敏性鼻炎、过敏性咽喉炎、过敏性咳嗽、过敏性哮喘及皮肤荨麻疹等，临床表现类似于感冒，发作性喷嚏流鼻涕，或伴有上腭、外耳道、鼻黏膜、眼结膜等奇痒难忍等症状，经皮肤试验，可确定为花粉过敏症。

花粉过敏患者每年在植物的开花期开始，花落而去，病症消失，来年再开花，再犯病，如此循环往复，如不及时治疗，患者症状可逐年加重，发病时间也随之拉长，最后由季节性病变成常年病。

花粉过敏症是通过鼻子眼睛表面与花粉接触引发的过敏反应，这与人们食用蜂花粉是完全不同的概念。

2. 蜂花粉过敏反应

虫媒花粉粒大，质量重，有黏性，不易扩散，蜜蜂采集的这些虫媒花粉经其加工后成为蜂花粉。仅有少数过敏（5%）体质的人有可能食用蜂花粉后会出现症状，称过敏反应。蜂花粉制品经过加工处理，特别是破壁蜂花粉制品经处理后，其中致敏成分已发生改变或大部分脱敏，一般不会使人出现过敏反应，但也有少数易感者会引起过敏反应。一般认为有 1/20 000～1/10 000 的人食用蜂花粉制品会产生轻微过敏症状。

一般人食用纯正蜂花粉不产生过敏反应，仅极少数特殊过敏体质者，才会对某种蜂花粉产生过敏反应。不同品种蜂花粉的抗原种类、数量和活性不同，如常见有食用茶花蜂花粉易出现过敏反应的，而对食用其他蜂花粉不一定就会产生过敏反应。常见的蜂花粉过敏症状有腹痛、腹泻和皮疹等，严重者可引起喉痒、喉水肿，甚至休克。如果食用蜂花粉时，花粉进入呼吸道，过敏者还会出现，吸入性花粉过敏症状，如过敏性咳嗽、过敏性哮喘、过敏性鼻炎、咽炎、过敏性荨麻疹等。一旦发现蜂花粉过敏，要立即停服，有严重症状者要迅速去医院接受治疗。

有部分表现为胃部不适的蜂花粉敏感者，在食用蜂花粉开始的 2 周内，偶尔会在 1～2 天内发生便溏，或轻微胃痛，持续时间约 10～30 分钟，特别是胃溃疡患者，胃痛可能会加剧。大多数学者认为，这属正常现象，并将此现象称之为过渡期症状。作用机理可能是蜂花粉中的某些物质（如维生素 B_1），促进胃酸加速分泌之故，等过渡期（适应期）过去以后，胃痛就会消失。蜂花粉过敏与其中含有的酶有关，还由于蜂花粉受到自然界环境中的各种污染而附着在花粉孢壁上的杂菌、真菌、虫卵及有机物、灰尘等，使过敏体质者致敏而引起过敏反应。花粉颗粒有二层壁，有个坚硬的外壳称为花粉壁，可能存在有致敏原。有学者指出，通过人工破壁处理的蜂花粉可减少过敏反应的发生。

因此有必要提醒属于过敏体质的人，首次食用某种蜂花粉前要先少量试用（如 1～2 克），无不良反应时可逐渐增加用量，做到循序渐进依次递增，这样可有效地防范蜂花粉过敏反应。

3. 蜂花粉过敏反应的防治

一般纯正蜂花粉不会引起过敏反应，若有风媒花粉混入蜂花粉时易引起过敏反应。过敏症状较轻者，一般可不必停服，减少剂量即可缓解症状。食用蜂花粉有胃部不适、轻微胃疼者，饭后半小时服用可减轻胃部不适。

建议过敏体质者最好选用破壁脱敏处理的纯正蜂花粉产品食用，也可以将蜂花粉做脱敏处理，破坏蜂花粉中某些具有抗原作用的蛋白质结构后再食用，以减少过敏风险，下面介绍两种蜂花粉简易脱敏处理方法供过敏体质消费者参考。

水煮脱敏法：就是将蜂花粉分散于水中，以 60 ℃温度加热 1 小时，使其中的蛋白质发生变性而脱敏。脱敏后的蜂花粉可做成蜜膏食用。

发酵脱敏法：通过微生物发酵，使得蜂花粉中某些具抗原特性的蛋白质分解或变性的方法，它兼具杀灭病源微生物和破壁的作用。这种发酵是模拟蜂花粉在蜂箱巢房中酿造蜂粮的条件进行的。

将未经灭菌处理的蜂花粉原料的水分调至 20％～25％，放置于 35 ℃的发酵室内，发酵 48～72 小时，即可达到脱敏的目的。发酵过程中温度不宜过高，否则会使蜂花粉变质，发酵温度低于 30 ℃，发酵时间需要延长。如果经过灭菌处理的蜂花粉，则需要接种发酵微生物后发酵。发酵完成后要把发酵物及时做晾晒或脱水处理以便保存，也可分装冷冻保存，随用随取。

荷花蜂花粉
（东莞市养生源蜂业有限公司 提供）

小贴士： 预防蜂花粉过敏要多吃哪些食物

日常生活中能预防蜂花粉过敏的食物有蜂蜜、大枣、金针菇、胡萝卜等。

蜂蜜：美国免疫学专家认为，蜂蜜对花粉过敏很有效。如果坚持每天喝一勺蜂蜜，连续服用两年，就能安然度过花粉过敏高发的春夏两季。其机理可能是因为蜂蜜中含有一定的花粉粒，人体习惯以后就会对花粉过敏产生一定抵抗力，这和"脱敏疗法"的原理是一样的。

大枣：日本学者研究发现，红枣中含有大量抗过敏物质，如环磷酸腺苷等，他们因此建议过敏者多吃红枣，水煮、生吃都可以，每次10颗，每天3次。用黑木耳50克加大枣30颗炖熟食用，有治疗过敏性紫斑的功效。

不过，大枣不要与胡萝卜或黄瓜一起吃，否则会破坏其中的维生素C。此外，大枣含糖量高，性偏湿热，所以有蛀牙并且经常牙痛、便秘患者不适合多吃。

金针菇：新加坡研究人员发现，金针菇中含有一种蛋白，可以抑制哮喘、鼻炎、湿疹等过敏性疾病，即使没有患病也可以多食用金针菇，以增强机体免疫系统功能。研究者希望以后能把金针菇中的蛋白做成滴剂或者面膜，贴（或滴）在鼻孔里来治疗过敏。

胡萝卜：日本专家发现胡萝卜中的 β-胡萝卜素能调节细胞内的平衡，有效预防花粉过敏症、过敏性皮炎等过敏反应。

富含维生素的食物能够加强机体免疫功能。多吃一些具有抗过敏特性的食物，可以增强皮肤的防御功能。据营养学家研究，洋葱和大蒜属辛辣食物中含有抗炎化合物的食物，可防过敏症的发病。另有多种蔬菜和水果亦可抵御过敏症，其中椰菜（卷心菜）和柑橘成效特别显著。由于其含有丰富的维生素 C，若每天摄取 1 000 毫克，就足以避免过敏症。

三、有毒蜂花粉

在这里有毒蜂花粉是指蜜蜂采集蜜粉源有毒植物的花粉加工而成的蜂花粉，这种蜂花粉被人误食后会造成中毒。这种对人有毒的蜂花粉极为罕见，一般不会出现在商品蜂花粉中。

1. 有毒蜜粉源植物

有一些植物所产生的花蜜、蜜露或花粉，被蜜蜂采集，能使人或蜜蜂出现中毒症状，这些植物统称为蜜粉源有毒植物。此节只就花粉对人有毒、且有可能被蜜蜂采集的有毒蜜粉源植物做一简要介绍。

蜜、粉对人有毒的蜜粉源植物主要包括雷公藤、紫金藤、苦皮藤、博落回、狼毒等。

① 雷公藤：别名黄腾根、断肠草、红药、红柴根、小黄藤等。藤本灌木，株高达 3 米，聚伞圆锥花絮顶生及腋生，花白绿色，泌蜜量大、花粉为黄色。蜜色呈深琥珀色，味苦带涩味，含雷公藤碱，花蜜、花粉均不可食用。

开花期湖南为 6 月下旬，云南为 6 月中旬至 7 月下旬。分布于长江以南各省及华北至东北各地山区。

若开花期遇到大旱，其他蜜源植物少时，蜜蜂会将其作为它们的食物采集。

② 苦皮藤：别名苦皮树、马断肠，藤本状灌木。聚伞圆锥状花絮顶生，花黄绿色，花粉灰白色，花粉多花蜜少。含单宁、皂素、生物碱、全株剧毒。蜜蜂采集后会中毒死亡，容易被发现，一般不会造成人误食。

开花期 5～6 月。分布于陕西、甘肃、河南、山东、安徽、江苏、江西、福建北部、广东、广西、湖南、湖北、四川、贵州、云南东北部等省区。

③ 紫金藤：别名大叶青藤、昆明山海棠，藤本状灌木。花小、淡黄白色，顶生或腋生，大型圆锥花絮，花粉粒呈白色，花蜜丰富。全株剧毒，花蜜中含雷公藤碱。

开花期 6～8 月，主要分布于长江流域以南和西南各省区。

④ 博落回：别名野罂粟、号筒杆，多年生草本。圆锥花絮、花黄绿色而有白粉，花粉呈灰白色。花蜜少花粉多，蜂蜜和花粉对人和蜜蜂都有剧毒。主要毒素为，延胡索素丙、白屈菜碱等。

开花期 6～7 月，主要分布于湖南、湖北、浙江、江苏等省。

⑤ 狼毒：别名断肠草、拔萝卜、燕子花，多年生草本，头状花絮，花被筒紫红色，白色或黄色，有紫红色脉纹，花中有花蜜有花粉，花蜜、花粉对人和蜜蜂都有毒。狼毒全株含植物碱和无水酸，剧毒。

开花期 5～7 月，主要分布于东北三省，内蒙古、河南、河北、山西、甘肃、青海、四川、云南、贵州、西藏等省区。

2. 有毒蜂花粉中毒症状

当人误食少量有毒蜂花粉时可数天后出现症状，食量较多可在 1～1.5 小时后出现头痛、头晕、咽喉发干、口渴、继之出现兴奋、谵妄、幻觉、瞳孔扩大、阵发性痉挛、皮肤潮红、甚至排尿困难。24 小时后出现低热、头昏、四肢麻木、恶心呕吐等症。中毒严重者会出现脉速、高烧、幻觉、谵妄、不安、惊厥，最后出现昏迷、呼吸困难等，严重者会导致死亡。若在妊娠晚期，可引起早产。

3. 规避有毒蜜粉源，安全采收蜂花粉

目前自然界中有毒蜜源植物比较少见，在蜜粉源植物丰富的情况下，蜜蜂是不会去采集这些植物花粉的，即使偶然采了，由于数量极少，混在其他花粉中，人服用后也不会引起急性中毒。只有在十分干旱的年份，粉源极度匮乏，蜜蜂食物严重不足时，蜜蜂才有可能去采集多种植物的花粉并将这种花粉带入蜂巢。而在这种情况下，蜜蜂自身食物不足，蜂农是不会安装脱粉器具采集蜂花粉的，这些花粉即使被蜜蜂带入蜂箱，也会被蜜蜂作为蜂粮食用掉。

有毒蜜粉源植物一般数量很少，西方蜜蜂不善于采集这些零星蜜源，蜂花粉的生产采收是由西方蜜蜂在自然界有大量粉源植物开化时进行的。虽然中华蜜蜂善于利用零星蜜粉源，但少量生产的中蜂花粉也是在大宗蜜粉源盛花期才能采收到。也就是说，市售的蜂花粉是不可能会有上述有毒蜂花粉的，市售蜂花粉对人是安全可靠的，可放心购买食用。并且古今中外也未见过有吃蜂花粉引起中毒的报道。

但如果自己养蜂取食蜜蜂蜂粮时，特别是中蜂场取食蜂粮，就要特别注意辨识有毒蜜粉源和采收时节。不要在有毒蜜粉源开花时和花谢后短期内采食蜂粮，这样就可完全有效规避有毒蜂蜜、蜂花粉的危害。

生产蜂花粉的蜂场要加强蜂群的饲养管理，选择蜂场周围蜜粉源充足的场地放蜂，并了解蜂场周围的蜜粉源植物分布的种类，发现存在有毒蜜粉源植物时，不脱粉生产商用蜂花粉，并主动及时转移蜂场放蜂。

四、蜂花粉的保存

蜂花粉含有多种生物活性成分，在常温下很容易被氧化，使有效成分丧失或变性，从而影响蜂花粉的质量和使用效果。新鲜蜂花粉在常温、不避光的条件下存放，蜂花粉的自然光泽很容易失去，如茶花蜂花粉、油菜蜂花粉、荷花蜂花粉常温久置和光线照射很容易使花粉颜色变浅。特别是荷花蜂花粉，含脂类成分较多，常温下久置的蜂花粉脂类物质很容易被氧化而变哈喇味。蜂花粉科学贮存是关系到蜂花粉质量的关键因素之一。

1. 蜂农采收后的保存

养蜂生产者采收蜂花粉后，大多都是采用自然晾晒干燥法将蜂花粉干燥脱水。经干燥晾晒好后的蜂花粉要用食品塑料袋密闭包装，再将其放入较坚固的外包装袋或桶内，常温下置于阴凉、干燥、避光、洁净的场所暂时存放，迅速销售。

冷冻干燥的蜂花粉则需脱粉收集后，及时冷冻保存。多个蜂场的新鲜蜂花粉集中冷链运至冷冻干燥厂家冷冻干燥。

2. 生产厂家及销售环节的保存

蜂花粉厂家完成收购进厂后，一般放置于0℃的冷藏库或更低温度的冷冻库中，设置专用区域长时间保存，生产时随用随取。

蜂花粉分装消毒后，生产厂家要将其置于低温冷冻或冷藏库中存放备销。蜂花粉销售运输宜冷链运输，亦可短途常温避光运输。

待售于门店的蜂花粉宜冰柜或冰箱低温、避光保存。

3. 消费者购买后的食用保存

消费者购买了蜂花粉后，最好将暂时不吃的蜂花粉置于冰箱冷冻室中冷冻保存，已开启封口正在食用的蜂花粉，可短期内置于冰箱的冷藏室保存，以方便随吃随取。

没有冷冻或冷藏条件时，消费者可将蜂花粉装在干燥的容器内，如玻璃瓶或无毒的塑料瓶中，将瓶盖拧紧使之密封，置于阴凉、干燥、通风处，但保存期不宜超过6个月。也可将蜂花粉和蜂蜜按1∶1比例混合，装入玻璃容器内充分浸透混匀，加盖密封容器口，不使其与空气接触，在常温下可保存1年不会变质。

第五章

蜂花粉的开发应用现状

花粉不仅是一种极好的天然营养食品，同时也是一种理想的滋补品，具有独特的医学药用价值。早在 2 000 年前的《神农本草经》中，就有关于香蒲和松树花粉的应用记载，并称之为食物中的上品。古食谱《山堂肆考饮食卷二》中已载，唐代女皇武则天自寻得花粉能延年益寿、健美增艳的妙方后，成为一名花粉嗜好者。

蜂花粉中的功能因子，赋予了其独特的营养保健功能。近代研究表明，花粉具有"三降"作用，降血脂、降血压、降血糖；有"六抗"作用，抗衰老、抗辐射、抗氧化、抗疲劳、抗贫血、抗癌；有"九增强"作用，增强免疫、肠胃、肝肾、分泌、记忆、呼吸、运动、生殖和心脑血管功能。此外，花粉还是一种天然的美容佳品，具有很好的驻颜美容功效。

花粉对人体的作用实际上是"祛邪扶正"，能全面调整人体免疫系统，产生强大的综合效应，促进新陈代谢，达到防病、祛病、强身的目的。蜂花粉作为食品和保健品是滋补身体的强壮剂，脑力劳动的健脑剂，儿童生长的助长剂，广泛用于美容、强身健体。蜂花粉作为主要原料也被开发出药品，用于治疗前列腺等疾病。因此一系列的蜂花粉干燥技术、破壁技术、提取技术也应运而生并日臻成熟。

在国内外关于蜂花粉的研究与应用方向上，下列几个新的方向也值得关注。①蜂花粉的深加工提取，尤其是针对水溶提取和脂溶提取技术。②蜂花粉多糖硫酸酯化研究，多糖硫酸酯化对肿瘤细胞具有较好的抑制作用，利用蜂花粉的多糖硫酸酯化技术，对花粉多糖进行修饰从而寻找抗肿瘤物质。这是一种新的药品开发途径，值得大家关注和期待。③蜂花粉新型食品防腐剂的研究，花粉经过发酵后再提取，获得了一种新型的天然防腐剂。④新型的药物载体，利用蜂花粉天然的细胞壁，通过一定的技术，将药物或活性成分在花粉囊中包埋制成花粉微囊药物等。本章就常见蜂花粉深加工技术做简要介绍。

第一节　蜂花粉加工技术与工艺

随着科学技术的发展，分析手段和检测技术的不断提高，蜂花粉的研究已进入到了分子生物学阶段。蜂花粉营养成分的研究及开发利用更加深入系统，大大拓宽了蜂花粉的应用范围。

目前蜂花粉加工新工艺的发展主要有纳米技术的应用、新剂型的加工、有效成分的提取技术和破壁技术等多个方面。

一、纳米技术的应用

21世纪生物技术迅猛发展，纳米技术的发展是其中标志性技术之一，纳米技术在生物制品方面的应用，使药品和保健品出现新面貌。纳米技术（nanotechnology）是用单个原子、分子制造物质的科学技术。纳米科学技术是以许多现代先进技术为基础的科学技术，它是现代科学（混沌物理、量子力学、介观物理、分子生物学）和现代技术（计算机技术、微电子和扫描隧道显微镜技术）结合的产物，纳米科学技术又将引发一系列新的科学技术，例如纳电子学、纳米材科学、纳机械学等。纳米技术可以使产品比表面积增大，增加其流体动力学的稳定性，控制稀释剂的给药系统，使药物或功能成分定时定量释放，大大提高了产品功效。近年来已有人进行了将花粉制成纳米材料的初步探索，利用超临界技术进行超微粒化，达到纳米级别，制成花粉新产品。将花粉的纳米材料添加到药品、食品或保健品中，会大大提高人体对花粉中营养物质的吸收利用效率，从而增加产品的附加值。纳米技术在花粉产品方面的应用，将大大提高花粉产品的科技含量，提高我国花粉产品的竞争能力。

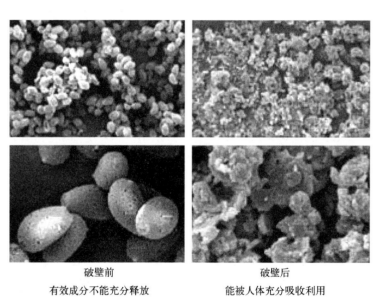

破壁前   破壁后

有效成分不能充分释放   能被人体充分吸收利用

破壁蜂花粉

二、有效成分的提取技术

超临界 CO_2 萃取技术从 20 世纪 70 年代到 90 年代开始用于药用植物有效成分的提取，具有常温、无菌、安全、简便、时间短、产品质量高等优点，产率大大高于传统的溶剂法。超

临界 CO_2 萃取技术在食品工业上的应用虽然只有 20～30 年的历史，但超临界 CO_2 萃取技术有着许多传统提取方法无法比拟的优点。这些优点决定了超临界 CO_2 萃取技术在食品工业领域是一个具有相当发展潜力的提取分离方法。

近年来超临界 CO_2 萃取技术在蜂花粉生产工艺中得到应用，如利用其萃取花粉中的脂溶性成分，制成高浓缩软胶囊，具有调节血脂的功能，已获得国家食品药品管理局健字号产品批号，在市场销售流通。还有利用该方法提取多不饱和脂肪酸，并研究成产品，经动物模型的药理药效试验，效果甚佳，有望成为有发展前景的产品。

在蜂花粉有效成分的提取过程中，超临界 CO_2 萃取技术受到很多因素的影响，诸如压力、温度、萃取时间、CO_2 流量、原料粒度等。在众多的影响因素中，改变其中一个就可能导致萃取成分的变化。由于超临界流体密度在一定的范围内与密度成正比例关系，所以可通过改变温度与压力来改变物质的溶解度，达到选择性萃取的目的。因此，应根据萃取的主要成分来确定压力、温度等。CO_2 萃取技术作为一种高新分离提取技术，在蜂产品生产加工工业中有着广泛的应用前景。

三、破壁技术

蜂花粉是天然的完全营养品，但花粉被一层花粉壁包裹，使其营养较难被吸收。花粉外面的一层孢壁，由内壁和外壁组成，外壁主要成分是孢粉素、纤维素、脂类和蛋白质等，内壁则由果胶质、纤维素和半纤维素等组成。外壁格外坚硬，具有耐酸碱、耐压、耐温以及对消化酶非常稳定等特点，导致花粉的生物利用率较低。

花粉破壁、提高生物利用率成为蜂花粉深加工的一个极其重要的问题。花粉破壁是指经过机械处理、发酵、变温或化学方法处理后，使花粉的萌发孔裂开，花粉壁完全分解为数块残片，使内容物全部外溢流出提高利用率的现象。目前，花粉破壁的方法主要分为机械破壁法、物理破壁法和生物破壁法等。

机械破壁法：依靠机械挤压、剪切等作用，使花粉壁和内膜囊破坏，从而使内容物释放。机

破壁蜂花粉
（杜波 摄）

械破壁，常用胶体磨和气流粉碎机进行，前者破壁称为湿法破壁，后者称为干法破壁。机械破壁操作简单，成本低，花粉细胞彻底破坏，营养物质损失多。曹龙奎等研究了玉米蜂花粉的干法破壁，能使花粒粒径达到 8 微米以下，并且粒度均匀合理。

物理破壁法：是借助温差变化、超声波、渗透、微波等物理作用使花粉壁破裂的系列方法。主要有温差破壁法、超声波破壁法、水浸减压破壁法、膨化破壁法、超低温加微波破壁法和辐射法破壁法等。物理破壁作用时间短，操作方便，条件温和，对花粉细胞损坏小，破壁率较低。

发酵破壁法：主要是利用酵母、曲霉、乳酸菌等微生物的作用使花粉壁破裂的方法，分为自身发酵法、酵母发酵法和曲霉菌发酵法。发酵破壁营养成分损失少，风味色泽好，但不易控制，易受杂菌污染。

酶解破壁：是利用单一酶制剂或复合酶的作用，分解花粉壁的一些成分，使花粉壁破坏，萌发孔打开，从而使花粉内容物流出。目前常用的酶制剂有纤维素酶、半纤维素酶、果胶酶、蛋白酶、淀粉酶和木聚糖酶等。由于酶制剂种类、活性和酶促反应条件不同，不同研究者对花粉酶解破壁也有不同的结果。

破壁蜂花粉片

（东莞市养生源蜂业有限公司 提供）

四、蜂花粉加工剂型

目前蜂花粉加工应用较多的剂型有粉剂、胶囊、片剂、口服液和营养食品等。

粉剂：剂型为粉末或颗粒状，如花粉磷脂，主要配方原料为蜂花粉、蜂蜜、植物卵磷脂、白砂糖等。

胶囊：由明胶和甘油等制成囊壳，并将花粉等原料或其他药物提取物经软胶囊机装入胶囊中，即为胶囊剂。胶囊剂型的优点是服用方便，可掩盖不良的气味。

粉剂蜂花粉

（石艳丽 摄）

片剂：以花粉为主要原料，并经过适当的加工、提取与赋形剂混合后压制成各种不同形状的固体制剂。片剂具有剂量准确、体积小、产量大、成本低、携带运输方便、利于贮存等优点，因而花粉制品中多采用此剂型。片剂可以分为压制片、糖衣片、口嚼片三类。

一般如果花粉没有异味，多采用压制片，因为它制作工艺简单，原料与赋形剂按一定比例混合后制片即可，不用包衣。糖衣片多因花粉原料有异味，为了改良口感而在片心外面再包一层糖衣，该类制作工艺复杂，但易于保存。而口嚼片适用于润喉、治疗口腔疾病，便于快速吸收。在此类片剂中一般会添加一定量的赋形剂，如乳糖、淀粉、糊精等。赋形剂的作用在于使制品容易成型、坚固，而没有疗效，但它绝无任何副作用。

口服液剂型：最终产品的形态为液体，灌装到具有服用量标准的瓶中，该剂型的优点是容易吸收，缺点是产品中有效成分的含量较少，需服用较长的时间才能见到效果，而且服用和携带均不很方便，目前市场上该类剂型的产品已不多见。

蜂花粉营养食品的设计原理是在普通食品中科学地添加花粉营养源，以增强普通食品的营养保健功能。这类食品包括含低剂量花粉的果味饮料，花粉面包、糕点、饼干、面条等。

近年来国际上药品和保健品领域迅速崛起一种新型固体剂型——口腔速溶片，简称口崩片。服用口崩片时可以不喝水送服，该片在口腔内遇到唾液后，即迅速溶解成液体状态，随即吞入胃中发挥其功效。它比普通片剂吸收快，生物利用度高，而且可以解决特殊人群服用不便的问题，适用于外出旅游、野外无水环境、野外作战、高空作业、资源勘探（钻机司钻）、工作繁忙者（白领人群）、吞咽困难者等服用。我国食品药品管理局已经将口崩片剂列为一种新的剂型，目前，已有几种药物口崩片剂获准注册和上市。蜂花粉深加工领域也已有个别单位开始探索蜂花粉口崩片剂的研究。

第二节　蜂花粉的开发利用

许多国家的人们均在食用蜂花粉，并赞美蜂花粉是永葆青春和健康的源泉。由于蜂花粉的神奇功效，蜂花粉的开发利用研究风行于世界，方兴未艾。20 世纪 50 年代，美国花粉食品就已投入商品化生产，近年来，欧美一些国家兴起蜂花粉热，将蜂花粉加工制成各种制剂，食用和药用，其制品名目繁多。

日本、加拿大、意大利等国家将蜂花粉加工成片剂、胶丸和糖果等食品食用，法国将蜂花粉列为补品食用。国内外都将蜂花粉作为牛奶、果汁、糕点等食品的添加剂。

国外专家特别注重对花粉进行提取精加工，或与蜂王浆、蜂胶等配合使用。如罗马尼亚生产的滋补品有花粉晶、花粉片、花粉维他，医疗品有蜂能素、花粉卵磷脂，食品有蜂精口香糖等，化妆品有蜂洗净液、花粉护发剂等。

一、蜂花粉在食品、保健品上的应用

花粉是植物生命的精华所在。小小花粉不但包含着生命的遗传信息，而且还包含着孕育一个新生命的全部营养物质。因此，世界上许多专家认为，花粉是世界上迄今所发现的唯一完全营养的保健食品。科学家们通过研究发现，每颗小小的花粉都像微型的"营养库"，其蛋白质含量高达35%，氨基酸有20多种，其中一半以上的氨基酸处于游离状态，很容易被人体吸收，这是目前任何一种天然食物所不能比拟的。

研究人员还在苏联阿塞拜疆发现200多位百岁以上的老寿星，他们身体都很健康，并从事养蜂工作，这些老寿星都爱吃新鲜蜂花粉。另据报道，乌克兰长寿老人的饮食之道也与食用蜂花粉有关。

近些年来，蜂花粉应用于食品和保健品市场发展较快，遍布全国，如在城市的各大超市均有蜂产品专柜，也有许多蜂花粉产品专卖店，呈现蜂花粉产品众多，市场繁荣的景象。目前作为食品或保健品，市场上的蜂花粉产品主要有三大类，一是蜂花粉原料产品，各种经简单挑拣、灭菌的蜂花粉以散装、瓶装、袋装等形式存在。二是花粉制品，蜂花粉经过粉碎或破壁后再制成片剂或胶囊，或者蜂花粉经过提取制成膏体或饮品等。三是花粉复方产品，如交大昂立的美知之，是以松花粉加珍珠的胶囊；上海的新生力核酸则是以花粉为载体加上核酸的胶囊。

上述第一类花粉产品多以食字号销售，也有少数以保健食品出现，第二类、第三类产品多以保健食品批号在市场流通。蜂花粉产品与蜂王浆、蜂胶产品相比，近年来经国家审批的健字号相对较少，从产品的加工工艺、科技水平来看亦显简单、高科技水平产品不多，如何开发高新技术产品是蜂花粉产业今后应重视的课题。近年来松花粉的市场发展较快，不但产品种类较多，产品工业水平亦大有提高，企业数量大增，产量产值增加很快，而且形成了在保健品行业占有重要位置和名牌产品的新时代健康产业集团。我国是历史上应用蜂花粉较早的国家，早在唐朝宫廷中就有松花糕、花粉饼等制品，这些制品的制作工艺在当时已比较先进，当时采用的发酵或捣细等工艺至今仍被沿用，并在原有基础上有了很大的发展，品种大大增多，成为社会各个阶层普遍欢迎的天然保健品。尤其近几年来，随着人民生活水平的提高，市场对花粉及其制品的需求越来越大，众多蜂花粉制品也就应运而生，成为市场上的畅销品。如花粉蜜、蜂宝素、花粉胶囊、花粉晶、花粉冲剂、花粉片、强化花粉、花粉糕、花粉口服液、花粉膏、花粉可乐、花粉汽酒、花粉补酒、花粉酥糖、花粉巧克力、花粉饼干、花粉面条、花粉冰激凌等。

小贴士：　蜂花粉酒

蜂花粉酒是人们在应用蜂花粉过程中，结合饮食需要开发的一种产品，其制作方法有两种，一种是以花粉（或蜂花粉提取物）和其他物质为原料，经酿制而成的酒；另一种是使用白酒和蜂花粉（或蜂花粉提取物）及其他物质勾兑而成的酒。目前蜂花粉酒产品的研究与开发并不多，而且由于前者对酿制工艺要求较高，市场上蜂花粉酒产品大多属于后者。

蜂花粉酒的酒精含量低，并且有营养丰富、清香怡人的特点，非常适合营养型低度酒的开发。随着人们健康意识的增强，健康饮酒理念越来越深入人心，营养性的低度酒市场份额必然会相应增加，为养蜂产业和酒产业这两个具有深厚文化底蕴的产业联合提供了一个很好的机会。

二、蜂花粉在药品上的应用

人类在利用蜂花粉进行保健养生的同时，也对其进行了药用价值方面的研究。法国研究人员证实了蜂花粉含有骨髓造血所需的大部分营养物质，对防治缺铁性贫血有疗效。经实验，儿童日服6克花粉，1～2个月后红细胞增加25％～30％，血红蛋白含量平均增加15％。保加利亚医生对50名慢性肝炎患者进行花粉治疗，日食1次，每次30克，两个月后化验发现，病人病情明显好转。

蜂花粉中还含有芸香苷、花青素，能增强毛细血管的通透性和强度，减少毛细血管的脆性，预防由于高血压和冠心病所引起的脑出血和视网膜出血。蜂花粉还具有提高人体免疫机能，增加体力，消除疲劳的功效。国内外运动员在参加一些重大比赛时都要服用花粉，作为体力消耗的一种强力补充剂。

蜂花粉中含有丰富的黄酮类化合物，不同品种的蜂花粉其黄酮类物质含量差别较大，高者含量达9％，低者则只有0.12％。其中黄酮类含量比较高的蜂花粉有板栗、茶花、蚕豆、紫云英、芸芥、胡桃等。黄酮类物质的存在，进一步增强了蜂花粉的应用价值，从而起到抗动脉硬化、降低胆固醇、缓解疼痛和抗辐射等作用。

蜂花粉中含有极为丰富的氨基酸，100多种酶和辅酶。酶是影响细胞新陈代谢的重要物质，对营养成分的分解合成、消化吸收起催化作用。花粉中还含有维生素A、维生素B、维生素C、维生素E等，对祛雀斑、美白润肤、调节女性内分泌、抗衰老、补肾等有益。蜂花粉含有核酸，可使细胞再生，可延缓人体衰老和延长寿命。蜂花粉中所含硒能减少过氧化物的形成，从而起到抗衰老作用。

蜂花粉开发出的药品是我国蜂花粉产业中的重要组成部分，自20世纪80年代后期以来，我国花粉药品得到了一定的发展，到90年代初已有7个花粉药品获准字号批准生产。其中前列康产品逐年热销，业已成为治疗前列腺疾病的名牌产品，2001年以来年产值已超亿元，全国各地医院、药店均可见到该产品。制造前列康药品所用的原料蜂花粉年需求量已超过300吨以上。近年来随着生物类新药受到重视和开发研制，对花粉药品的研究与开发也越来越受到重视，现有数种蜂花粉新药正在研制试制中，有的品种已获得国家的临床应用批准。我国蜂花粉药品开发利用的巨大潜力在不久的将来必将得到释放。

免疫调节
美容养颜
调节肠胃……

三、蜂花粉在化妆品方面的应用

蜂花粉用于美容，在我国，从北朝民歌的《木兰诗》到历代的医学巨著都有记载。在日本，蜂花粉被认为具有抗衰老、乌须发、除雀斑、消黑斑等作用，被誉为"美容之源"。

近代国内外有许多关于蜂花粉在化妆品应用方面的研究与报道，出现了许多有名的花粉化妆品。如国际著名的考递·兰可姆·沃伦和皮埃莱化妆品公司生产的花粉系列化妆品，法国巴黎的花粉蜜，罗马尼亚布加勒斯特的蜂花净洗液（Tenapin）、蜂花护发（Dermapin）、花粉全浸膏，西班牙弗尔南德斯·阿罗约研制的花粉雪花膏，瑞典的花粉清洁霜，日本的花粉雪花膏、花粉美容霜等，均对护肤美容有很好的效果。

我国近些年在市场上流通的花粉化妆品有花粉营养霜、花粉沐浴露、花粉洗发精、花粉油剂，花粉爽肤宝、花粉眼霜、花粉菁华养颜霜、花粉美容霜（早、晚霜）等。

天然蜂花粉也被誉为可食用的美容剂，内服外用，可起到非常好的美容养颜作用。因为蜂花粉含有丰富的护肤成分，如花粉磷脂、游离氨基酸、各种维生素、多种不饱和脂肪酸、活性酶和激素等，既含有直接美白皮肤的成分，也具有调节人体内分泌机能、改善皮肤的作用成分。花粉化妆品外用能够有效地促进人体表皮、皮下组织细胞的新陈代谢，延缓皮肤衰老，消退皱纹、老年斑、粉刺、雀斑。内服可调节内分泌，激活细胞代谢活力，促进头发生长和健发、乌发。

蜂花粉中含有维生素A和维生素E，这两种维生素可促进表皮细胞新陈代谢，调节生理功能，改善皮肤营养，延缓机体衰老，是理想的"口服化妆品"。实验表明，中年妇女使用花粉化妆品6个月后，皮肤皱纹可消退50%，表皮黑色素可消退20%。作为大自然赐给人类的神奇花粉，近年来已被世界各国广泛研究、开发和利用。

蜂花粉是一种很好的美容剂，它不仅具有生发、护发和护肤、治疗脸部疾患的作用，而且还有减肥作用。蜂花粉中所含丰富的B族维生素能将脂肪转化为能量释放出来，消除多余的脂肪，保持身体健美。

同济大学花粉应用研究中心通过对国内50多种蜜源蜂花粉营养成分的研究，筛选出几种含氨基酸、类胡萝卜素、维生素C、维生素E、磷脂、核酸等护肤成分含量较高的蜂花粉，并从中提取各种有效成分，研制成功花粉营养霜等系列化妆品，经上海瑞金医院，新华医院、同济医院等临床试用，结果表明，用后皮肤舒适，滋润变白，能祛皱纹，尤其对祛黄褐斑、雀斑具有独特功效，有效率达 94.1%。

国内外临床实践表明，蜂花粉对青春痘可起到根治的效果。据报道，日本妇女使用蜂花粉化妆品 6 个月，对青春痘、雀斑消除率为 75%～80%，而对比组的一般化妆品仅为 0～5%。如秋田市 23 岁的林田先生，有严重的便秘和青春痘，不施行灌肠就无法排便，自服用蜂花粉后，不用灌肠也可排便，青春痘大大减少。

研究发现，头发的色质除与遗传密切相关外，营养状况更为重要。毛发主要由蛋白质和胱氨酸为主的多种氨基酸角质纤维蛋白组成，还有微量元素、维生素、黑色素等，缺少其中任何一种营养成分都能导致某种疾病。如人体缺少蛋白质，毛发会变得稀疏、干燥、发脆。缺乏必需的脂肪酸头发容易脱落。缺乏铁和锌时容易引起皮肤老化和毛发脱落。缺乏铜会影响络氨酸酶的活性，自然合成黑色素的能力下降，使头发变黄。缺乏泛酸，毛发将变白。缺乏胱氨酸，维生素 B_1、维生素 B_2、维生素 B_6 会导致秃顶。因此，合理地调节膳食或科学地摄取食物营养成分是美发的重要途径。蜂花粉被誉为全能营养库，含有丰富的蛋白质、氨基酸、脂肪酸、维生素和微量元素等重要营养成分，除能补充全面营养、有利头发生长外，还含有种类齐全的维生素，尤其是 B 族维生素、芸香苷、黄酮类化合物、磷脂、铬、铜、锌等，可增强血管弹性，使血液流畅，养分充足，增强和改善毛细血管功能，促进血液将营养送到皮层，使毛发生长获得充分的营养，从而促进毛发生长。蜂花粉中所含矿物质和泛酸，可促使白发变黑，所以经常食用蜂花粉有利于保护头发，改善发质、使头发有光泽，并加速新发生长，防止头发变色和脱落。

归纳前人研究，普遍认同蜂花粉具有下述美容特性。

1. 花粉的美颜护肤作用

我们知道皮肤和其他组织一样，它所进行的一切生理代谢都需要有酶参与才能完成。天然花粉中含有 90 多种活性蛋白酶，进入人体后有的经分解后重新合成新的物质，有的却直接参与机体的生化大循环，发挥功效，促进皮肤新陈代谢，加速皮肤表皮细胞的分裂和生长，促使表皮细胞的更新。花粉中含有丰富的维生素，尤其是 B 族维生素，这些维生素对维护皮肤的健康与美丽有着特别重要的作用。

2. 花粉是最佳的口服化妆品

蜂花粉被誉为能食用的美容剂，是最佳营养天然美容品，对皮肤无副作用。由于蜂花粉中既含有丰富的能被皮肤细胞直接吸收的氨基酸，又有皮肤细胞所需的天然维生素、各种活性酶和激素，所以蜂花粉对改进皮肤外观、延长女性青春期有明显的作用。有很多研究结果和临床试验证明，口服花粉后对女性脸部的这些疾患有很好的疗效，还能增加体内的超氧化物歧化酶含量，这种酶有助于清除衰老细胞中的自由基，抑制脂质的化学反应，从而防止色素的形成。

3. 花粉具有防治黄褐斑作用

蜂花粉能有效地调治内分泌紊乱，抑制黑色素的分泌，并能促使表面黑色素的代谢，营养容颜，能有效祛除黄褐斑。每日口服蜂花粉 2 次，早饭前、晚饭后各服 1 次，用温开水送服，一般服后 1 个月左右，黄褐斑即可明显减轻，服用 2 个月后，黄褐斑基本消退。

4. 花粉与头发健美

日本是蜂花粉用量最大的国家，他们有很多人常年服用花粉，年过 70 岁仍然精力充沛，且能秃发再生，白发转黑，有试验报道研究 396 例白发或脱发的中青年受试者，除 10 例中途停服，显效 280 例，有效 106 例。我国西北农林科技大学在西安有关医院的蜂花粉生发实验研究结果表明总有效率达到 99%。

四、强化蜂花粉功效产品的开发

当前蜂花粉市场产品琳琅满目，但以原料形式的产品较多，而蜂花粉制品较少。蜂花粉制品及强化功效的新产品研究和开发应用也正在不断探索和应用。研究开发方向如，在提取浓缩物，利用超临界 CO_2 萃取技术萃取蜂花粉中的脂溶性成分，制成高浓缩软胶囊，用于加强调节血脂的功能。再如，蜂花粉多糖硫酸酯化研究，利用蜂花粉的多糖硫酸酯化技术，对花粉多糖进行修饰从而寻找抗肿瘤物质，这是一种新的药品的开发途径，值得期待。

在便捷食用蜂花粉提高其效果上也有值得期待的研究进展。不同蜂花粉的成分功效有差异，几种蜂花粉与食材的组方，使其获得 1+1 大于 2 的效果，从而强化产品的功效和食用的方便性。下面简要介绍两种蜂花粉制品新产品。

1. 蜂花粉全谷多维能量餐

本产品以"绿色、营养、健康"为理念，根据现代营养科学、现代生命科学和中国居民膳食指南的要求，用蜂花粉、谷豆薯、PC2（复合植物胚乳粉）、秋葵、罗汉果、茶多酚进行科学配伍，发挥复配后产生的"相加"或"相乘"效应，通过真空冷冻干燥技术和超微粉碎技术等先进科学技术加工而成的蜂花粉全谷多维能量餐。本品营养均衡，即冲即食，省时方便，口味醇正芳香，入口细腻爽滑，是现代人士居家、旅游的时尚代餐。

（1）产品技术特点

采用真空冷冻干燥技术和超微粉碎技术两大核心技术，对蜂花粉进行加工处理。真空冷冻干燥技术最大限度地保持了蜂花粉的色、香、味和最大限度地保持了蜂花粉的生物活性，超微粉碎技术使蜂花粉营养释放更充分，更易于吸收，提高了生物利用度，口感更佳。采用超微粉碎技术加工，完全改变了传统粗粮口感粗糙，难以下咽的缺点，口感细腻爽滑。

（2）产品配料

以谷豆薯、蜂花粉、PC2、秋葵、罗汉果、茶多酚作为主要原料。

① 蜂花粉。蜂花粉来源于大自然，是蜜蜂从显花植物花蕊内采集的花粉粒，并加入了特殊的腺体分泌物（花蜜和唾液）混合而成的物质。蜂花粉含有氨基酸、蛋白质、多种维生素、微量元素、核酸等200多种营养成分，种类多、含量高，是一种"全价营养源""高浓缩微型营养库"，对营养人体及肌肤细胞、增强活力方面具有显著的效果，有一种说法叫作："梳妆台前的一百次，不如一次蜂花粉"。

② 谷豆薯。谷类包括小米、糙米、黑麦、燕麦、荞麦、高粱、黑米、麦胚、玉米等10余种脱壳全谷，保留了完整谷粒的胚芽、胚乳、麸皮及其天然营养成分；杂豆包括大豆、红豆、绿豆、芸豆、扁豆、豌豆、鹰嘴豆等；薯类添加马铃薯、甘薯、紫薯、山药。其品种每天超过20种以上。与传统精米白面相比，该产品可提供更多的B族维生素、矿物质、膳食纤维等营养成分，对降低2型糖尿病，心血管疾病、肥胖和肿瘤等慢性疾病的发病风险具有重要作用。

该产品采用超微粉碎技术制作，完全改变了传统粗粮口感粗糙、难以下咽的缺点，口感细腻爽滑，营养更易吸收。

③PC2。PC2是复合植物胚乳粉的简称，将大豆、大米、小麦等谷物的浆汁通过创新工艺转化为完全乳化的、非常稳定的、凝聚丰富天然营养素的粉末状产品，是一种活性高、分子结构符合人体吸收、营养成分最适合人体需要、蛋白质结构和组成比例与牛奶最相似的全植物质地的产品。该产品具有谷物的天然植物脂肪，非氢化、无反式脂肪酸，能增加固体饮料的快速溶解性，状态稳定均匀，增加冲调过程中的细腻度和润滑

度，保留谷物特有的有益营养成分和天然谷物香气。

④ 秋葵。秋葵含有蛋白质、脂肪、碳水化合物及丰富的维生素 A、B 族维生素、钙、磷、铁等，其所含有的锌和硒等微量元素，对增强人体免疫力有一定帮助。对治疗咽喉肿痛、小便淋涩、预防糖尿病、保护胃黏膜有一定作用。

⑤ 罗汉果。本产品优选桂林罗汉果，含有丰富的罗汉果三萜皂苷，可提供纯正的甜味口感，同时不含热量，是天然代糖的最佳选择。同时罗汉果还具有滑肠通便的效果。

⑥ 茶多酚。茶多酚是从茶叶中提取的全天然抗氧化食品，抗氧化能力强，能够阻挡紫外线和清除紫外线诱导的自由基，从而保护黑色素细胞的正常功能，抑制黑色素的形成。同时对脂质氧化产生抑制，减轻色素沉着，有助于美容护肤。研究表明，茶多酚等活性物质具解毒和抗辐射作用，能有效地阻止放射性物质侵入骨髓，并可使锶 90 和钴 60 迅速排出体外，被健康及医学界誉为"辐射克星"。茶多酚能够促进人体对维生素 C 的吸收，从而有效地预防和治疗坏血症。

（3）食用方法与储存

食用时，依个人喜好调整稀稠度，加入适量温水，搅拌均匀后即可服用。也可以用牛奶或蜜水调服。每次 1 袋，每日 2 次。置于阴凉干燥处，冷藏保存更佳。

2. 蜂花粉压片糖果

以"绿色、营养、健康"为理念，根据现代营养科学、现代生命科学和养生保健的理论基础，用蜂花粉与针叶樱桃、茶多酚等进行科学配伍，发挥复配后产生的"相加"或"相乘"效应，通过真空冷冻干燥技术和超微粉碎破壁技术等先进科学技术加工而成，美容养颜效果更加突出。

（1）产品技术特点

采用真空冷冻干燥技术，最大限度地保持蜂花粉的色、香、味，最大限度地保持蜂花粉的生物活性。

用超微粉碎破壁技术破壁蜂花粉，使花粉内部营养充分地释放，蜂花粉通过超微粉碎破壁后，粒径达到微纳米级，比表面积大，能更大面积的接触人体的各个部位，使营养更易于吸收，提高了生物利用度。在口感方面，蜂花粉破壁前后有相当大的差异，破壁后的蜂花粉比破壁前的蜂花粉更甜，且在口腔中更润滑。

（2）主要配料

以蜂花粉、甘露醇、微晶纤维素、麦芽糊精、针叶樱桃、茶多酚、硬脂酸镁为主要配料。

（3）食用与储存方法

口含或咀嚼，每次 2～4 片，每日 3 次。置于阴凉干燥处，冷藏或冷冻保存更佳。

五、花粉促生长剂

研究认为蜂花粉中含有丰富的人生长素和植物生长素，人生长素是由氨基酸残基组成的一条多肽链，生长素促进生长作用主要是对骨、软骨及结缔组织的影响，对代谢作用是增加肌肉对氨基酸的摄取，促进蛋白质、RNA 和 DNA 的合成，并可以促进脂肪转化，增加血中游离脂肪酸量。人生长素含量较高的为蚕豆花粉，每克花粉中含量为 8.35 微克。此外，田菁、香薷、紫云英等花粉的含量也比较高。将蜂花粉用于促进儿童健康成长有着积极的作用和显著的效果。

蜂花粉中含有 6 种重要的植物生长调节激素，主要是生长素、赤霉素、细胞分裂素、油菜内酯、乙烯和生长抑制剂。这些物质对植物的生长、发育发挥着极为重要的作用，直接影响着植物的发芽、生长、开花和结果。花粉中含有植物生长素：生长素、赤霉素、细胞分裂素、油菜素内酯、乙烯生长抑制剂，其中以油菜素内酯的活性最好。20 世纪 70 年代，美国农业部从油菜花粉中发现油菜素内酯，被称为植物第六激素，其促生长效果极佳，只要极少量，即可促进作物、蔬菜、水果大幅度增加产量。美国、日本等以人工合成的方法生产油菜素内酯，但价格昂贵，我国曾从日本进口合成的油菜素内酯，仅用 10^{-8} 浓度施给食用菌可提高生长量 43.3%，对水稻、黄瓜等施用效果也很好，但由于合成的价格高昂，未能推广应用。花粉促生长剂生物活性强，增产效果显著，应用范围广，价格合理，是个有前景的产品，而且花粉促生长剂的开发利用也是开辟我国花粉资源的新途径。

第六章

消费蜂花粉常见问题解答

1. 蜂花粉营养有何特点?

蜂花粉作为食品营养源,具有营养成分齐全、含量高、易吸收、纯天然、药食同源等特点。

营养成分完善齐全:到目前为止,已知蜂花粉含有 200 多种营养成分,因此被人们称为营养素的浓缩体、完全的营养源,没有哪个单一食物能与之相比。

现代研究表明,蜂花粉的营养成分既丰富又完全,是最好的平衡营养补助品,因而被营养界誉为"世界上唯一的完全食品"。法国科学家曾做过一个实验,让一些老鼠每天食用一定量的蜂花粉而不吃其他食物,结果这些老鼠在半年内保持了良好的身体状况,这充分说明了蜂花粉食品营养的完善性。

营养成分含量高:经研究发现蜂花粉营养成分极其丰富,且含量很高。蜂花粉中氨基酸的含量比牛肉、鸡蛋、牛奶等高出数倍,特别是 8 种人体必需氨基酸蜂花粉完全具备。蜂花粉中含有 10 多种维生素,主要是 B 族维生素、维生素 C,维生素 E 和类胡萝卜素等,其类胡萝卜素的含量远高于胡萝卜。蜂花粉中含有大量的核酸,每 100 克蜂花粉中含有核酸 2 000毫克以上,远超过富含核酸的鱼虾、鸡肝、大豆等。蜂花粉中含有丰富的必需脂肪酸,亚油酸含量为 23.6%,α-亚麻酸为39.49%,花生四烯酸为 0.33%,必需脂肪酸总量比花生油、菜油、猪油都高。蜂花粉中含有人体所必需的 25 种常量元素和微量元素，含量相当丰富，除钠元素外有益元素钾、钙、镁、铁、锰、锌、铜、硒、磷等主要矿物元素与稻米、白菜、牛奶、鸡蛋、白糖、茶水、面条及苹果等常见食物相比，含量高几倍至上千倍。

营养成分易被人体吸收和利用：花粉吃的量虽然很少，但吃后产生的效果却又快又好。比如人体摄取的蛋白质必须先经过消化、分解成各种氨基酸，然后再被身体各器官吸收，按照需要重新组合成各种蛋白质。而花粉中所含的蛋白质，有一半以上是以游离氨基酸的形式存在，不需要经过消化即可以直接被人体吸收和利用。又比如维生素 A，对人体十分重要，但维生素 A 摄取过多，也会出现毒副作用，导致脱发、恶心、下痢等。一般市上卖的维生素 A 是油溶性的，需要有矿物质和脂肪才能消化，而且可以积存在体内。而花粉中的维生素 A 却是以类胡萝卜素的形态存在，进入体内就会转变为维生素 A。超量摄取类胡萝卜素，身体会自动停止转换成维生素 A，所以无论怎么吃都不会出现毒副反应，同时类胡萝卜素是水溶性的，易于消化吸收，也不会在体内贮存而产生其他副作用。

蜂花粉的营养成分配比最为理想，其比例与数量和人体所需高度吻合。这是蜂花粉最神奇、不同于其他营养品之处，也是服用蜂花粉能产生奇妙功效之奥秘所在。

药食同源、纯天然植物产品：蜂花粉是药食同源、药食兼优的纯天然食品。几千年来，世界各地不同的民族，都把花粉作为食物、药品、美容和健康珍品。我国古代的药物学著作《神农本草经》就把松黄、蒲黄（香蒲花粉）列为强身、益寿的良药。我们的老祖宗把花粉当作名贵的药材，日本人把花粉编在童话中来说它的奇妙作用，埃及人把花粉作为美容的圣品，高加索人说花粉是长寿的根源，阿拉伯人把花粉看作男人的精力剂，以色列人说花粉是维持生命的宝物圣食，印第安人把花粉在勇士成年的仪式中使用。在人类历史上被这么多人共同接受，视为神圣的东西，可能也就是花粉。保健食品发展趋势是崇尚天然性，蜂花粉就是最为合适的纯天然的产品。

2. 蜂花粉有毒副作用吗，长期食用安全吗？

食用花粉在我国已有两千多年的记载，长期以来人们不但把花粉作为食品还作为美容佳品。江浙一带的老百姓，每逢松树开花散粉之时，家家收集花粉做糕点食用。

近代国内外都有大量花粉产品食用安全性方面的科学试验，花粉作为食品，食用安全可靠。昆明医学院毒理教研室的田昆等，对党参花粉进行了毒理学动物模型试验，证明昆明小鼠用党参花粉按25克/千克体重进行急性、亚急性试验后一切活动正常，皮毛光滑，无中毒现象，体重均有不同程度的增加。

日本东京大学牧野庄平教授认为，蜜源花粉作为营养食品是安全的，经过蜜蜂采集、加工后的蜂花粉就更安全。中国农业科学院蜜蜂研究所的专家对花粉致畸、致癌、致突变进行动物模型试验，证明花粉无"三致作用"。国内外大量的毒理学研究都表明，食用花粉是安全可靠的。

国家卫生部1998年批准玉米花粉、油菜花粉、松花粉、紫云英花粉、荞麦花粉、向日葵花粉、芝麻花粉、高粱花粉按日常普通食品管理，也就是说这些花粉就如同其他米、面等食物一样，长期食用安全可靠。

蜂花粉的食用安全问题主要就是有毒花粉和花粉过敏及是否符合食品卫生标准。自然界确实存在极少量花粉对人有毒，但有毒花粉在蜜源花粉中数量极少，这种数量极少的花粉根本不可能被养蜂人采收到，市场上根本不存在，一般市售花粉及花粉制品作为食品食用都是安全的。

一般正规厂家生产的蜂花粉及其制品都是符合食品卫生要求的，简装散花粉无霉变和沙尘杂物，经过灭菌处理后食用也是安全的。

3. 食用蜂花粉过敏怎么办?

过敏是人对外来物质反应高度敏感的表现,这些外来物质称为外过敏原,它们刺激机体的免疫系统过度地防御,就产生了过敏症。目前市场上出售的花粉及其制品主要来源于蜂花粉,而蜂花粉一般不会引起过敏反应。从蜂花粉本身的成分分析,蜂花粉中尚未发现致敏原,只有极少数的风媒花粉才含有致敏物质,如北京的蒿花、南方木麻黄的花粉中含有致敏物质。

大多数的人不属于过敏体质,而具有过敏体质的人也并不是对所有物质都过敏。如某些过敏体质的人对牛奶、虾过敏,但不一定接触花粉就过敏;而另一些过敏体质者对鸡蛋过敏,但不一定喝牛奶也过敏,这是人群的正常生理现象。

如果个别人对食用蜂花粉较敏感,食用蜂花粉后出现胃部不适等轻微反应,可改在饭后食用蜂花粉,并开始时少量服用,做到循序渐进依次递增,这样可有效防范过敏。万一发生严重过敏反应,应立即停止服用,一般停服 2 小时后症状就明显好转,随时间延长,其过敏反应会自行消失。如果有个别过敏反应很强烈者,应迅速到医院接受治疗。

富含维生素、氨基酸的食物能够加强机体免疫功能,减少过敏。日常饮食可多吃一些具有抗过敏的食物,如蜂蜜、大枣、金针菇、胡萝卜、椰菜、豆浆等,能起到一定的预防过敏的作用。

4. 如何选购蜂花粉?

目前消费者在超市或蜂产品专卖店购买到的蜂花粉大部分是蜂花粉颗粒及少部分花粉制品。如果购买的是花粉制品,首先就要注意该产品是否属正规生产厂家生产,有否生产许可证或注册商标、产品批准文号等。如果所购买的产品属于有生产许可证的正规厂家生产的,一般产品质量都有保障。

如果所购买的蜂花粉尚属蜂花粉颗粒状初级产品，就可根据专卖店蜂花粉样品的颜色、状态、味道等加以鉴别综合判断其产品质量优劣。优质的蜂花粉必须干燥新鲜、团粒整齐、无异味，无杂质、无霉变、无虫迹、保证活性物质不受损失。

通常蜂花粉呈不规则的扁圆形团粒状，并带有采集工蜂后足嵌入花粉的痕迹。质量好的蜂花粉应是团粒整齐，大小基本一致，直径为2.5～3.5毫米，没有霉变、虫蛀、虫絮，无肉眼可见杂物。

蜜蜂所采集的蜜粉源植物种类不同，形成的蜂花粉团颜色也不同，每种蜂花粉有其相对固定的颜色。如果蜂花粉是某单一花粉，颜色基本一致；如果蜂花粉是混合花粉，其色泽是杂色。新鲜的蜂花粉色泽鲜亮，而色泽暗淡、失去光泽的蜂花粉多为储存过久或烘干温度过高的蜂花粉。

每一种植物的花粉都具有固有的芳香味，特别是新鲜的蜂花粉有明显的天然辛香气息，久存的蜂花粉香味变淡，霉变的蜂花粉有一股难闻的霉味，甚至有恶臭气味。取少量蜂花粉放入口中，慢慢咀嚼，细细品味，新鲜蜂花粉的味道辛香，多带微苦，余味涩，略带甜味。蜂花粉的味道受粉源植物种类的影响差别较大，有的蜂花粉很苦，有的很甜，个别的蜂花粉还有麻、辣、酸味。久存的蜂花粉因油脂变性，会有哈喇味。

咀嚼时有硬脆感，表明花粉干燥较好；如有牙碜的感觉，说明蜂花粉中有沙尘等杂质。用手捻捏，花粉颗粒不软、有坚硬感，甚至有唰唰的响感，说明花粉干燥较好；如用手轻轻捻捏，粉团即碎，说明蜂花粉含水量较高，也可能是蜂花粉因受潮发霉而引起了变质。

5. 如何储存蜂花粉?

蜂花粉含有多种生物活性成分，在常温下很容易被氧化，使有效成分流失，从而影响蜂花粉食用的营养效果。新鲜蜂花粉在常温、不避光的条件下存放，很容易失去自然光泽和营养受损。如茶花蜂花粉、油菜蜂花粉、荷花蜂花粉常温久置和光线照射后很容易颜色变浅。特别是荷花蜂花粉含脂类成分较多，常温下放置一段时间后，花粉易被氧化变得有"哈喇味"。

养蜂生产者把集粉盒里的蜂花粉收集完后，大多都是采用自然晾晒干燥法将蜂花粉干燥脱水。干燥的蜂花粉用食品塑料袋密封后加避光牢固外包装，置于阴凉、干燥、避光、洁净的场所暂时存放，迅速交售。

厂家完成收购进厂后，一般放置于 0 ℃以下的冷藏库或更低温度的冷冻库中，设置专用区域长时间冷藏保存。蜂花粉分装消毒后，生产厂家要将其置于低温冷冻或冷藏库中存放备销。蜂花粉销售运输宜冷链运输，亦可短途常温避光运输。销售场所待售蜂花粉宜冰柜或冰箱低温、避光保存。

消费者购买了蜂花粉后，最好将暂时不吃的蜂花粉置于冰箱冷冻室中冷冻保存，已开启封口正在食用的蜂花粉，可短期内置于冰箱的冷藏室保存，以方便随吃随取。不具备冷冻或冷藏条件时，消费者可将蜂花粉装在干燥的容器内，如玻璃瓶或无毒的塑料瓶中，将瓶盖拧紧使之密封，置于阴凉、干燥、通风处，但保存期不宜超过 6 个月。也可将蜂花粉和蜂蜜按1∶1比例混合，装入玻璃容器内充分浸透混匀，加盖密封容器口，使其不与空气接触，在常温下可保存 1 年不会变质。

6. 蜂花粉与松花粉哪个更好？

蜂花粉是蜜蜂从种子植物上采集花粉粒，并加入蜂蜜及其腺体分泌物集结而成的一种不规则扁圆状颗粒物，每个花粉颗粒物由数百万个花粉粒聚集而成。蜜蜂把它聚集在后足带回蜂巢，养蜂人把这些花粉团收集在一起，这就是我们常见的蜂花粉。

蜂花粉所含成分很复杂，含有丰富的功效成分，现代营养学和医学研究表明，蜂花粉富含蛋白质、氨基酸、维生素、碳水化合物、矿物质、有机酸、多种酶类、黄酮类等多种对人体有明显保健作用的功效成分。一般蜂花粉所含营养成分大致为，蛋白质为 20%～40%，碳水化合物为 22%～45%，脂肪为 1%～20%，矿物质为 2%～3%，木质素为 10%～15%，其他为 10%～15%。

蜂花粉的成分因采集的植物不同而有差异，采自同一种蜜源植物的蜂花粉，因采集季节不同、产地不同，其成分含量也有所不同。不同种类、不同产地的蜂花粉，其含有的植物药性成分也不尽相同，如青海省采集的油菜蜂花粉其防治前列腺疾病的效果最为突出，而荞麦蜂花粉则可促进人体骨髓细胞造血，起到养血的作用。

松花粉是一种风媒花粉，是由马尾松、油松、红松、华山松和樟子松等松属植物雄蕊所产生的干燥花粉，它是松树花蕊的精细胞。每年阳春三月松花成熟季节，在花由青转黄的 2～3 天内，通过人工将花穗采摘下来，收集起松花粉，再经过低温干燥加工，除去水分和杂质，就制成了松花粉。

松花粉为鲜黄色或淡黄色，呈细粉末状，因花源单一，松花粉单一性强、品质纯正、色泽一致、服用口感好。松花粉成分稳定，含有 22 种氨基酸、不饱和脂肪酸、卵磷脂、15 种维生素、30 多种矿物质、类黄酮、单糖、多糖、抗氧化物质等，还含有 100 多种酶、核酸及一些能延缓衰老的激素。不饱和脂肪酸约占脂肪酸总量的 72.5%，含量较蜂花粉平均值要高。

蜂花粉、松花粉都是花粉，松花粉是完全人工收集，而蜂花粉是蜜蜂采集，人工再将其收集起来。二者在性状上有很大区别，在名称上也不同，但在总体营养成分与功效上，松花粉与蜂花粉相比并无太大优势。

7. 哪些人适合吃蜂花粉，怎样吃效果更好？

蜂花粉营养保健有其独特的优势，常食蜂花粉可增强免疫力、调节内分泌、增强造血功能、抗衰老、护肝、增强新陈代谢，且常服无副作用，食用安全可靠。蜂花粉适应证多，对多种疾病有治疗和辅助治疗作用，特别是对某些疑难症可收到意想不到的效果，既能治标又能治本，是具有预防、治疗、康复综合功能的价廉物美的营养保健品。

除儿童和极少数食用蜂花粉过敏者，大家都可以食用蜂花粉。尤其是对中老年男性群体预防和治疗前列腺疾病，中老年女性美容养颜，蜂花粉是最佳的食疗用品。

蜂花粉食用方法很多，可以直接嚼服，也可混于牛奶、果汁等饮品中同服，更可以加工成面包、饼干等小食品食用。蜂花粉制品可按说明方法食用。

蜂花粉的食用量多少合适，各种说法的差异较大。最早，法国花粉专家阿里奈拉斯使用口服花粉 2~3 克/天，使具有失眠、注意力不集中和有遗忘症的病人病情得到好转。他后来改为每天食用 1 克，效果也不错。法国人卡亚用 20~30 克/天的剂量治疗遗忘症病人，西班牙医生帕·勒·帕雷特用 2~3 克/天的剂量治疗神经科病人，罗马尼亚医生用 30 克/天的剂量治疗肝炎病人，保加利亚索菲亚医院用 45 克/天的剂量治疗冠心病的病人，我国解放军 520 医院用蜂花粉对精神疲劳症状进行试验，让从事风洞噪声作业的 331 名人员分别每日食用 5 克、10 克、15 克蜂花粉，2 个月为 1 个疗程。结果表明，疗效与花粉食用量大小无关，而与食用的时间有关，长期食用者的效果明显好于短期食用者。国内各种临床结果和花粉推荐食用量也是各种各样，差别很大，3~30 克不等，多数剂量为 10 克左右。

总体来看，服用剂量根据食用人的目的不同可分为两种，一种是从营养角度出发的保健剂量，以增加或补充人体所需要的营养、滋补、强身为主要目的；另一种是从治疗角度出发的药用剂量，以治疗或减缓某些疾病为目的。目的不同，剂量也不一样。

从国内外蜂花粉服用临床研究已取得的数据分析，蜂花粉的保健剂量一般应在每天 2～8 克，而用蜂花粉治疗的剂量，一般应为每天 15～20 克，个别疾病的治疗可以用到 30 克，个人可以根据自己服用的反应而作适当的调整。经过加工的蜂花粉产品，具体服用剂量，可参照有关产品的说明书。

蜂花粉是健康食品，不是速效药，它不像某些化学药品服用后很快产生效果，必须食用一段时间后方可见效。对于慢性疾病，食用花粉见效时间，快则一周就有效果，但一些反应慢的人则需半个月甚至一个月才会有效果。食用蜂花粉要坚持，特别是开始的 2～3 周内不要间断，每日按时坚持食用，断断续续食用，效果就难以显现。

一般早餐前空腹服用蜂花粉效果最佳。未经加工处理的蜂花粉具有此种蜂花粉特有的花香味，如刚开始直接食用对其特有味道不习惯，可加少量蜂蜜一起食用，以调节口感。少数人早晨空腹食用感到胃部不舒服，刚开始时可以少量食用，然后逐渐增加食用量，慢慢达到要求的食用剂量。少量食用仍有胃部不适，可在早饭后半小时食用，逐渐适应后，再改为饭前空腹食用。

蜂花粉含有大量的活性酶和维生素，食用时可用温开水调成糊状，但不可用高温开水冲调。水温高会破坏蜂花粉中酶和维生素等活性成分影响营养保健效果。

8. 天然蜂花粉与破壁蜂花粉哪个更好?

关于蜂花粉是否需要破壁是目前一直讨论的热点话题，有许多企业在着力宣传自己的产品，用蜂花粉破壁率达到什么水平作为卖点，使消费者误认为未破壁的蜂花粉就不能被人体吸收。

花粉是显花植物的繁殖细胞，由花粉壁和内含物构成。花粉外壁含有复杂的有机化合物孢粉素，能抗高温、耐强酸、耐强碱，具有惊人的坚固性和顽强的耐化学腐蚀性，被埋于地层中千万年以上还能保存完好不被破坏。因此有人推断花粉不经破壁，其内部的有效成分不能被人体利用或吸收率很小，于是研究成功了很多花粉破壁的方法，如机械破壁、温差破壁、微生物破壁等，通过这些技术将花粉壁破坏，使花粉内物质释放。另一种观点认为，花粉壁对人体吸收花粉里的有效成分并无妨碍，食用时不需要破壁。因人食用花粉，在胃肠中停留的时间较长，酸性的胃液和水分使花粉壁上的萌发孔张开，水分从萌发孔渗进花粉内，形成花粉粒内与花粉粒外渗透压的差异，在胃肠蠕动的作用下，花粉内的有效成分从萌发孔流出而被吸收，花粉不经破壁其有效成分也完全能被吸收。古人早就食用花粉，当时也没有花粉破壁、提取等加工技术，吃的就是没破壁的花粉。养蜂人吃的花粉也未经过破壁、提取等加工过程，显然吃的也是未破壁花粉。如果花粉壁真能完全阻止对营养成分的消化、吸收，那古人对花粉的药用和食用良好效果推崇与记载，就不会流传至今。

蜂花粉是否需要破壁应根据不同使用目的而定，如加工化妆品等外敷产品，还是以破壁花粉为好，使其所含营养成分充分地释放出来，便于皮肤吸收。

经实验研究表明，蜂花粉坚硬的花粉壁对壁内的营养物质有保护作用，花粉所含的营养物质，特别是很多天然活性物质很容易受光、热、空气的破坏，花粉外壁具有耐热、耐酸、耐碱等特性，完整的花粉壁是致密的，在干燥条件下，萌发孔或萌发沟又呈紧闭状态，这使得花粉内含物与外界空气隔绝，对花粉壁内营养物质起到很好的保护作用，可以减少和避免营养物质损失。而破壁后的蜂花粉，其中对人体有益的多种酶等生物活性物质较易变性，且破壁后的蜂花粉若包装、保存不当很容易被氧化，造成营养损失。就像鸡蛋，在常温下，完整的鸡蛋能保存较长时间，而蛋壳破碎的鸡蛋则很快就会变质发臭。因而，成人食用或加工成人食品，就不一定要对花粉进行破壁，这不但能减少加工环节，而且在花粉壁的保护下，花粉营养成分不易被氧化和破坏，可延长产品存放期及提高食用效果。由此可见，消化能力正常的成年人完全可以直接食用天然蜂花粉，不必过多考虑破壁与否的问题。

9. 单一蜂花粉与杂花蜂花粉哪个好？

单一花粉是指蜜蜂采集的同一种植物花的花粉，这种蜂花粉颗粒均匀，色泽一致，杂质极少。目前市场上销售的单一蜂花粉一般以蜜蜂所采集植物的名称而命名，如油菜花粉、茶花粉、荷花粉、玉米花粉、向日葵花粉、荞麦花粉等。

杂花粉（或称混合蜂花粉）是指蜜蜂在同一时期采集两种以上的花粉混在一起的蜂花粉，不同蜜源场地和不同时期由于蜜源种类的差异，蜜蜂所采集的杂花粉各有不同，这些杂花粉由于蜜源植物数量及开花时不同植物雄蕊花粉量的不同，一般杂花粉的颗粒大小也不尽相同。由于蜜蜂采集的专一性，同一只蜜蜂一次出巢只采集同一种花，采回来的花粉团颜色完全取决于蜜源植物花粉的颜色，不同植物花粉颜色不同，因而杂花蜂花粉的花粉团颜色也呈多种颜色，颜色多不一致。气味也因蜜源种类不同而有很大的差异。因而杂花粉质量很难完全一致，也没有统一的杂花粉理化标准来度量其质量和营养，因而杂花粉作为商品花粉推广有很大的难度，也未能得到应有的重视。

研究表明，不同植物的花粉其营养成分，既有相似之处，又有各自不同，因而对人体的营养、保健、医疗作用既有共性，又有个性。各种不同花粉混合在一起，其所含营养成分互补叠加，使营养更丰富、更全面，各种花粉营养保健特点能更好地得到发挥，增强了保健效果。要想充分利用各种花粉的有效成分和强身效果，可以尝试几种不同品种的单一蜂花粉轮换食用或将其混合在一起食用。

10. 蜂花粉含激素吗，儿童能食用吗？

蜂花粉是植物雄性生殖细胞，它的营养成分非常丰富，被称作是"微型天然营养库"。其中也包含有多种微量植物激素，如生长素、促性腺激素、芸苔素等，这些植物激素对植物繁衍有重要意义，且对人体没有毒副作用。花粉中还含有一种叫类固醇的特殊物质，可起到防止人体出现老化和加快生长的作用，对人体十分有利。研究发现，蜂花粉还有刺激骨髓造血，提高外周血中血红蛋白及红细胞数量的功能，可治疗儿童营养不良、缺铁性贫血。服用蜂花粉有强身健体作用，不必担心花粉中的性激素对人体健康有不良影响，有条件的可长期服用。

据测定，蜂花粉中含有一定量的激素，有些人因此不敢让儿童食用，担心花粉会使儿童性早熟。其实，这种担心是不必要的。过多地补充激素，的确会使儿童性早熟，但并不是任何含有激素的食物都不能给儿童吃。浙江省杭州花粉应用研究所和杭州大学生物系就这一问题进行过动物实验，给幼年大鼠饲喂蜂花粉提取液，一组按正常剂量饲喂，另一组按正常剂量的两倍进行饲喂，结果这两种剂量均未造成幼年大鼠性早熟。据上海市内分泌研究所测试，在许多天然食品（如牛奶、母乳、鸡蛋等）中都含有一定量的人体所需的性激素。花粉中所含雄性激素量与牛奶等食品中的含量处于同一个数量级。因此，花粉不会引起儿童性早熟。

过敏体质的儿童和不满 1 周岁的儿童不能食用蜂花粉。蜂花粉对于过敏体质的儿童是非常危险的食物。1 周岁内的幼儿消化系统发育不完全，食用蜂花粉会出现消化不良，对发育不利。1～3 周岁的正常幼儿可以少量食用蜂花粉，但不宜过量食用。大于 3 周岁的儿童是可以食用蜂花粉的，但每天食用量不超过 10 克，以防止营养过量补充导致儿童早熟，不利于其身心健康。

11. 从蜂农手中购买的蜂花粉能直接食用吗？

蜂花粉是蜜蜂在自然环境中从花上采集回来的，蜂农要用脱粉器将它收集起来，并且多需在露天环境下晾晒。蜂花粉营养非常丰富，水分含量较高时，是一些微生物及某些昆虫卵虫的良好繁殖地，往往这种蜂花粉菌落总数和霉菌数会超出食品限量的数倍、十数倍。同时，蜂农收集来的蜂花粉，还极易混有较多的蜜蜂尸体等杂质。因此，消费者从蜂农手中购买的蜂花粉，未经去杂和消毒灭菌处理，最好不要直接食用。

在蜂农手中购买的蜂花粉可先挑选去除杂物，经微波等灭菌处理后再食用。家庭也可将蜂花粉放入耐热瓷碗中，用蒸汽消毒法灭菌消毒蜂花粉。用蒸汽消毒蜂花粉时，将蜂花粉放入碗中占据碗的2/3量，这是由于蜂花粉吸水后会膨胀，如果花粉放得太多，容易溢出且不易蒸熟、蒸透。盛有蜂花粉的瓷碗放在有热水的锅中，蒸汽浴15分钟左右，蜂花粉可以充分吸收水蒸气，同时吸收热量，直至熟透。蜂花粉蒸熟凉后即可直接食用，也可以与蜂蜜混合在一起食用，还可以加入牛奶中食用。蜂花粉的这种吃法更适合消化力较弱的儿童或中老年人，有利于他们充分吸收蜂花粉中的营养物质。

12. 蜂花粉、蜂蜜、蜂王浆、蜂胶能同时服用吗？

蜂花粉、蜂蜜、蜂王浆、蜂胶都是来自蜜蜂的天然产品，其性状、成分、功效都不尽相同，各有其特点。这四种产品既可以单独食用，也可以两两混合或多种混合食用，更可以做成混合物食用。混合食用，它们之间的成分、功效将会起到相辅相成的作用，更能发挥医疗保健的功效。

蜂花粉＋蜂蜜：充分浸润搅拌均匀后制成花粉蜜，既可以改善单独食用蜂花粉的口感又可提高营养功效。在为机体提供能量的同时，对营养不良、便秘、预防前列腺疾病、强健心脏功能都有很好的辅助作用。

蜂花粉＋蜂王浆＋蜂蜜：将三种蜂产品按一定比例混合，充分搅拌浸润，制成膏状物，俗称三宝素。置于冰箱冷藏，随吃随取，即改变了蜂王浆的辛辣口感，又丰富了营养。对改善睡眠障碍、疲劳、亚健康及很多慢性疾病等都有很好的辅助治疗作用。内服外用还可以美容养颜。

蜂花粉＋蜂王浆＋蜂胶：同服可强身健体、提高免疫力。对心脑血管疾病、癌症、糖尿病及其并发症、前列腺疾病等的预防和辅助治疗都有很好的作用。

13. 孕妇可以吃蜂花粉吗？

育龄妇女在怀孕期间很容易内分泌紊乱，导致敏感性增强。因此，在怀孕期间不建议孕妇食用花粉，以免引起过敏反应。怀孕前就有吃蜂花粉习惯的人，可以选择用蜂蜜作为替代品。孕妇每天上、下午饮用蜂蜜水，可有效预防妊娠高血压综合征、妊娠期贫血、妊娠合并肝炎等疾病。睡前饮一杯蜂蜜水，有安神补脑、养血滋阴之功效，能够治疗多梦易醒、睡眠不实等症，同时，蜂蜜还能有效预防便秘。

准妈妈们饮食一定要特别注意，不能吃的东西一定不要吃。孕期最后 4 周里进食大量黄油和蔬菜油的孕妇容易导致她们的孩子在 2 岁前出现过敏症。孕妇在怀孕期间进食大量的芹菜和柑橘类的水果，会导致婴儿出生后患食物过敏症的概率增加。怀孕期间经常吃胡椒粉、油炸食物和柑橘类水果的孕妇，生下的婴儿更容易对花粉等吸入物过敏。

14. 蜂花粉制品有哪些？有何功效？

蜂花粉制品是指蜜蜂采集的蜂花粉团经过一定工艺加工处理的产品，如蜂花粉经过破壁后制成胶囊、片剂、膏体，或经过提取、浓缩后制成口服液、膏体、软胶囊、硬胶囊、片剂等，这些花粉的衍生产品均为蜂花粉制品，其特点是功能更明确，食用更便捷，对消费群体的针对性更强，但销售价格也相应比花粉原料产品更高。

根据功能，蜂花粉制品又分为花粉药品、花粉保健品、花粉食品、花粉化妆品等。花粉药品是指具有专门的治疗效果，经国家批准获有药准字号，是针对某种疾病的处方或非处方药品。有的产品则是花粉和其他有效成分或药材混合配方的复方花粉产品。如，1972年瑞典药品管理局（MPA）首次批准以花粉有效成分作为治疗前列腺疾病的药品"舍尼通"；阿根廷的"维他保尔"；联邦德国的"前列腺维他"；罗马尼亚的"花粉片"；日本的"内补灵花粉"等。我国从20世纪80年代就有花粉药品研制成功。获得国药准字批号的花粉药品，有浙江治疗前列腺疾病的"前列康"；湖南治疗冠心病的"心可乐"；江苏南京治疗前列腺疾病、贫血、神经衰弱的"花粉片"；云南治前列腺疾病的"前列康片"；安徽治疗贫血、胃肠病、神经衰弱的"花粉片"等。

目前，国内已有经国家卫生部或国家食品药品监督管理总局批准的花粉保健品批号约50多个，其保健功能多是提高免疫力、抗疲劳、调节血脂、延缓衰老、保肝、美容等。全国食字批号花粉及化妆品也有许多。

附录1

中华人民共和国国家标准
蜂 花 粉

GB/T 30359—2013

本标准由中华人民共和国国家质量监督检验检疫总局和中国国家标准化管理委员会于 2013 - 12 - 31 发布，2014 - 06 - 22 实施。

蜂 花 粉

1 范围

本标准规定了蜂花粉的定义、要求、等级、试验方法、包装、标志、贮存、运输要求。

本标准适用于工蜂采集形成的团粒（颗粒）状蜂花粉或碎蜂花粉，不适用于破壁蜂花粉及以蜂花粉为原料加工成的产品。

2 规范性引用文件

下列文件对于本文件的应用是必不可少的。凡是注日期的引用文件，仅注日期的版本适用于本文件。凡是不注日期的引用文件，其最新版本（包括所有的修改单）适用于本文件。

GB/T 191　包装储运图示标志

GB 5009.3　食品安全国家标准　食品中水分的测定

GB 5009.4　食品安全国家标准　食品中灰分的测定

GB 5009.5　食品安全国家标准　食品中蛋白质的测定

GB/T 5009.6　食品中脂肪的测定

GB/T 5009.7　食品中还原糖的测定

GB/T 5009.8　食品中蔗糖的测定

GB/T 5009.37—2003　食用植物油卫生标准的分析方法

GB 7718　食品安全国家标准　预包装食品标签通则

GB 16326—2005　坚果食品卫生标准

3　术语和定义

下列术语和定义适用于本文件。

3.1　花粉 pollen

雄配子体 gametophyte

由一个营养细胞和一个至二个生殖细胞组成的显花植物的雄性种质。

3.2　花粉壁 pollen wall

由纤维素和孢粉素构成的花粉（3.1）外壳。

3.3　蜂花粉 Bee pollen

工蜂采集花粉（3.1），用唾液和花蜜混合后形成的物质。

3.4　单一品种蜂花粉 monofloral bee pollen

工蜂采集一种植物的花粉（3.1）形成的蜂花粉（3.3）。

3.5　杂花粉 multifloral bee pollen

工蜂采集二种以上植物的花粉（3.1）形成的蜂花粉（3.3），或二种以上单一品种蜂花粉的混合物。

3.6　破壁蜂花粉 bee pollen of breaking wall

经加工，花粉（3.1）壁被打破的蜂花粉（3.3）。

3.7　碎蜂花粉 bee pollen debris

蜂花粉（3.3）团粒破碎后形成的蜂花粉粉末。

3.8　工蜂 worker

在蜂群内担当采集、守卫、清理、哺育等内外勤工作的生殖器官发育不完全的雌性蜜蜂。

4 技术要求

4.1 感官要求

感官要求应符合附表1-1的规定。

附表1-1 蜂花粉的感官要求

项 目	要 求	
	团粒（颗粒）状蜂花粉	碎蜂花粉
色泽	呈各种蜂花粉各自固有的色泽，单一品种蜂花粉色泽见附录A	
状态	不规则的扁圆形团粒（颗粒），无明显的砂粒、细土，无正常视力可见外来杂质，无虫蛀、无霉变	能全部通过20目筛的粉末，无明显的砂粒、细土，无正常视力可见外来杂质，无虫蛀、无霉变
气味	具有该品种蜂花粉特有的清香气，无异味	
滋味	具有该品种蜂花粉特有的滋味，无异味	

4.2 理化要求

产品等级和理化要求符合附表1-2要求。

附表1-2 蜂花粉的等级和理化指标

项 目		指 标	
		一等品	二等品
水分/(g/100 g)	≤	8	10
碎蜂花粉率/%	≤	3	5
单一品种蜂花粉率/%	≥	90	85
蛋白质/(g/100 g)	≥	15	
脂肪/(g/100 g)		1.5～10.0	
总糖（以还原糖计）/(g/100 g)		15～50	
黄酮类化合物（以无水芦丁计）/(mg/100 g)	≥	400	
灰分/(g/100 g)	≤	5	
酸度（以 pH 表示）	≥	4.4	
过氧化值（以脂肪计）/(g/100 g)	≤	0.08	

注：如果是碎蜂花粉，则碎蜂花粉率不作要求。

4.3 单一品种蜂花粉定性鉴别

单一品种蜂花粉定性鉴别应符合附录 A 的要求。

4.4 安全卫生要求

应符合国家相关法律、法规、规章和标准规定。

5 试验方法

5.1 感官指标检验

5.1.1 色泽、状态：将样品置于洁净的白瓷盘中，在自然光下用肉眼观察。

5.1.2 气味：鼻嗅。

5.1.3 滋味：口尝。

5.2 理化指标检验

5.2.1 水分测定

按 GB 5009.3 规定的第二法执行。

5.2.2 碎蜂花粉率测定

用天平称取试样约 50 g，精确到 0.1 g，用 20 目筛筛出碎粒及碎粉末并称重。按式（1）计算：

$$碎蜂花粉率＝（筛出的碎蜂花粉粉末质量/试样试质）×100\%$$

$$（1）$$

5.2.3 蛋白质测定

按 GB 5009.5 规定的方法执行。

5.2.4 黄酮类化合物的测定

按附录 B 规定的方法执行。

5.2.5 灰分测定

按 GB 5009.4 规定的方法执行。

5.2.6 脂肪测定

按 GB/T 5009.6 规定的第二法执行。

5.2.7 总糖测定

样品按 GB/T 5009.8 中的盐酸水解处理后，再按 GB/T 5009.7 规定的第一法执行。

5.2.8 单一品种蜂花粉的花粉率测定

5.2.8.1 第一法（仲裁法）

按附录 A 中的 A.2 处理样品，以 100 倍或 400 倍光学显微镜下镜检，如发现涂片中花粉细胞重叠，则重新涂片，每视野中花粉细胞总数在 30～100 为宜，调节显微镜的光线和焦距，使花粉细胞清晰，选取 5 个视野区域并对视野内的所有的花粉细胞进行计数，5 个视野中某一品种的花粉数的总数与 5 个视野中所有的花粉数的总数之比即为单一品种的蜂花粉的花粉率。平行试验应重新涂片检测，两次平行试验的相对误差应不大于 10%。

5.2.8.2 第二法

称取试样约 1～3 g，拣出其中该品种蜂花粉团粒，分别称量，按式（2）计算：

$$单一品种蜂花粉率 = (该品种蜂花粉团粒数质量/试样蜂花粉团粒总数质量) \times 100\% \qquad (2)$$

5.2.9 酸度的测定

取花粉 20 g，加入 5 倍量的纯化水，75 ℃水浴提取 1.5 h，待冷却，滤过，离心 20 min，取上清液，然后按仪器操作说明书进行测量，并记录其 pH，精确至 0.02，pH 的结果以两次测量的平均值表示。

5.2.10 过氧化值的测定

样品的前处理按照 GB 16326—2005 中的 9.1，然后按 GB/T 5009.37—2003 中的 4.2 中的第一法测定。

5.3 单一品种蜂花粉的定性鉴别

按附录 A。

6 包装、标志、贮存和运输

6.1 包装

用于食用的蜂花粉包装材料应符合食品安全要求，包装容器牢固、严密、整洁、无破损、无泄漏。

6.2 标志

6.2.1 包装物或者标识上应按照规定标明产品的品名、净含量、产地、生产者（加工者或包装者）或经营单位、生产日期、保质期、产品质量等级等内容，单一品种需注明粉源植物。

6.2.2 预包装食品标签应符合 GB 7718 的要求，运输包装应符合 GB/T 191 的规定。

6.3 贮存

6.3.1 用真空充氮包装，在常温下保存。其他包装的应在 $-5\ ℃$ 以下保存。

6.3.2 短期临时存放，应经过干燥和密闭处理后存于阴凉干燥处。

6.3.3 不同产地、花种、等级或不同季节采集的产品应分别贮存。

6.3.4 贮存场所应清洁卫生，防高温、防风雨、远离污染源。

6.3.5 不得与有毒、有害、有腐蚀性、有异味、易挥发的物品同场所贮存。

6.4 运输

6.4.1 运输工具应清洁卫生。运输过程中，要避免高温，防风沙、防曝晒、防雨淋、防湿。

6.4.2 轻装轻卸，不得与有毒、有害、有异味、易污染的物品同装混运。

附录 A（略）

附录 B

（规范性附录）

花粉中黄酮类化合物的分析测定方法

B.1 试剂

B.1.1 无水乙醇（分析纯）

B.1.2 70%（体积分数）乙醇：纯化水 30 mL 加无水乙醇 70 mL，即得。

B.1.3 5‰亚硝酸钠溶液：称取 5.0 g 亚硝酸钠（分析纯），用纯化水定容至 100 mL。

B.1.4 10%硝酸铝溶液：称取 17.6 g 硝酸铝（分析纯），用纯化水定容至 100 mL。

B.1.5 氢氧化钠试液：称取 4.3 g 氢氧化钠（分析纯），用纯化水定容至 100 mL。

B.1.6 芦丁标准溶液

B.1.6.1 芦丁对照品贮备液：精密称取芦丁对照品 50 mg，置于 50 mL 量瓶中，加 70%乙醇（B.1.2）适量，振摇使溶解，并稀释至刻度。

B.1.6.2 芦丁对照品使用溶液：精密吸取 10 mL 芦丁对照品贮备液（B.1.6.1），置于 50 mL 量瓶中，加 70%乙醇（B.1.2）适量，振摇使溶解，并稀释至刻度。

B.2 仪器设备

B.2.1 紫外可见分光光度计。

B.3 试样的制备

取花粉样品磨碎粉末 1.0～3.0 g，精密称定（精确至 0.000 1 g），加 70%乙醇 40 mL，加热回流 2 h，冷却，滤过，置 50 mL 量瓶中，以 70%乙醇洗涤残渣，洗液并入量瓶中，用 70%乙醇定容至刻度，摇匀。精密吸取 2 mL 置 10 mL 量瓶中，用70％乙醇稀释至刻度，摇匀。

B.4 分析步骤

B.4.1 标准曲线的制备

精密量取对照品使用溶液（B.1.6.2）0、1、2、3、4、5、6 mL，分别置25 mL量瓶中，各加水至6.0 mL，加5％亚硝酸钠溶液和10％硝酸铝溶液各1 mL，摇匀，放置6 min，加氢氧化钠试液10 mL，加水至刻度，摇匀，放置15 min。照分光光度法测定，在510 nm波长处测定吸光度，以吸收度为纵坐标，浓度为横坐标，绘制标准曲线。

B.4.2 样品的测定

精密吸取按B.3制备好的样品溶液2 mL，置25 mL量瓶中，加水至6.0 mL，加5％亚硝酸钠溶液和10％硝酸铝溶液各1 mL，摇匀，放置6 min，加氢氧化钠试液10 mL，加水至刻度，摇匀，放置15 min。按照分光光度法测定，在510 nm波长处测定吸光度，将吸光值带入回归方程，计算，即得。

B.5 计算

B.5.1 黄酮含量按式（B.1）计算：

$$X = (m/w \times d \times 1\,000) \times 100\% \qquad (B.1)$$

式中：X——黄酮含量；

m——由标准曲线上计算得到的样品比色液中芦丁质量，单位为毫克（mg）；

w——样品的质量，单位为克（g）；

d——稀释比例。

B.5.2 计算结果用百分数表示，精确或保留到小数点后2位。

B.6 允许差

同一操作者2次平行测定结果允许的相对误差应不大于3％。

附录2

中华人民共和国国家标准
食品安全国家标准　花粉

GB 31636—2016

本标准由中华人民共和国国家卫生和计划生育委员会，国家食品药品监督管理总局 2016-12-23 发布，2017-06-23 实施。

食品安全国家标准　花粉

1　范围

本标准适用于以工蜂采集形成的团粒（颗粒）状蜂花粉或碎蜂花粉、以人工采集的松花粉和以花粉为单一原料，经净选、干燥、杀菌而制成的花粉产品。

本标准不适用于破壁花粉。

2　术语和定义

2.1　花粉

显花植物雄性生殖细胞。

2.1.1　蜂花粉

工蜂采集的花粉。

2.1.1.1　单一品种蜂花粉

工蜂采集一种植物的花粉形成的蜂花粉。

2.1.1.2　杂花粉

工蜂采集两种或两种以上植物的花粉形成的蜂花粉，或两种及两种以上单一品种蜂花粉的混合物。

2.1.1.3 碎蜂花粉

蜂花粉团粒破碎后形成的粉末。

2.1.2 松花粉

松科松属植物马尾松（Pinus massoniana Lamb.）、油松（P. tabulaeformis Carr.）或同属数种植物的雄性生殖细胞。

2.2 破壁花粉

经加工，花粉细胞壁被打破的花粉。

3 技术要求

3.1 原料要求

原料应符合相应的食品标准和有关规定。

3.2 感官要求

感官要求应符合附表2-1的规定。

附表2-1 感官要求

项目	要求		检验方法
	蜂花粉	松花粉	
色泽	具有产品应有的色泽	淡黄色	取适量试样置于洁净的白色盘（瓷盘或同类容器）中，在自然光线下观察色泽和状态，检查有无异物，闻其气味，用温开水漱口后品其滋味
滋味、气味	具有蜂花粉应有的滋味和气味，无异味，无异嗅	具有松花粉应有的滋味和气味，无异味，无异嗅	
状态	粉末或不规则的扁圆形团粒（颗粒），无虫蛀，无霉变，无正常视力可见外来异物	细粉末，质轻，流动性好，易飞扬，手捻有滑润感，无正常视力可见外来异物	

3.3 理化指标

理化指标应符合附表2-2的规定。

附表 2 - 2　理化指标

项　　目		指　　标		检验方法
		蜂花粉	松花粉	
水分/(g/100 g)	≤	10.0	8.0	GB 5009.3 减压干燥法
灰分/(g/100 g)	≤	5.0	4.5	GB 5009.4
蛋白质/(g/100 g)	≥	15.0	9.0	GB 5009.5 凯氏定氮法
单一品种蜂花粉的花粉率/%	≥	85	—	附录 A
酸度（以 pH 表示）	≥	4.4	—	取样品 20 g 于锥形瓶中，加入 100 mL 的纯化水，振荡混匀，锥形瓶置 75 ℃ 水浴浸泡 1.5 h。冷却至室温，定性滤纸过滤后，0.45 μm 过滤。取滤液，然后按酸度计或 pH 计操作说明书进行测量，并记录其 pH，精确至 0.02，pH 的结果以两次测量的平均值表示

3.4　污染物限量

污染物限量应符合 GB 2762 的规定。

3.5　微生物限量

即食的预包装产品的微生物限量应符合附表 2 - 3 的规定。

附表 2 - 3　微生物限量

项　　目	采访方案[a] 及限量				检验方法
	n	c	m	M	
菌落总数/(CFU/g)	5	2	10^3	10^4	GB 4789.2
大肠菌群/(MPN/g)	5	2	4.3	46	GB 4789.3
霉菌/(CFU/g)　≤	2×10^2				GB 4789.15

a. 样品的采样及处理按 GB 4789.1 执行。

4 其他

单一品种蜂花粉，应在标签中标识蜂花粉的品种。

附录 A
单一品种蜂花粉的花粉率测定

A.1　仪器

A.1.1　显微镜：10～100 倍。

A.1.2　离心机：转速 10 000 r/min。

A.2　试剂

A.2.1　硫酸和冰乙酸（体积比为 1∶9）。

A.2.2　甘油（分析纯）。

A.3　样品处理

取蜂花粉 1～2 g 置于 15 mL 刻度离心管中，加入硫酸和冰乙酸（1∶9）的混合液 2 mL，浸没花粉粒。用玻璃棒捣碎花粉，沸水浴 5 min。冷却，蒸馏水定容至 10 mL。离心，弃去上清液，重复离心洗涤步骤 3 次。沉淀物加甘油数滴搅匀。用玻璃棒蘸取 1 滴涂布在载玻片上，盖上盖玻片。

A.4　计数

取已处理好的玻片，在显微镜 10 倍或 40 倍物镜下观察。如发现涂片中花粉颗粒过于密集导致重叠影响计数时，则应重新涂片，每视野中花粉颗粒数量在 30～100 个范围为宜。选取 5 个视野区域并对视野内的所有花粉颗粒计数，并与图谱对照鉴别不同的花粉品种。5 个视野中某一品种花粉颗粒数与 5 个视野中所有花粉颗粒的总数之比即为单一品种蜂花粉的花粉率。每次试验都应进行平行试验。

A.5　蜂花粉（单一品种花粉与杂花粉）的鉴别

A.5.1　油菜（Brassica campestris）花粉

油菜花粉为黄色。花粉颗粒呈近似长球形，按形态特征分为白菜型、甘蓝型、芥菜型。赤道面观为圆形或椭圆形，极面观为三裂片状，三道萌发沟明显。极面直径约 42 μm，赤道面直径约 40 μm。见图 A.1。

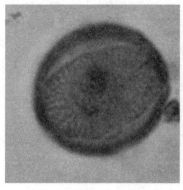 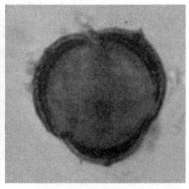

a) 油菜花粉赤道面观形态(×400)　　　b) 油菜花粉极面观形态(×400)

图 A.1　油菜花粉颗粒在显微镜下的形态

A.5.2　芝麻（Sesamum indicum）花粉

芝麻花粉为白色或咖啡色。花粉颗粒呈扁球形（似扁南瓜），少数为球形。赤道面观为阔椭圆形，极面观为 11～12 裂圆形。表面有瘤状雕纹，从正面观察为负网状，约 35 μm×40 μm。具有 10～13 道萌发沟，间隙较宽。极面直径约 45 μm，赤道面直径约 65 μm。见图 A.2。

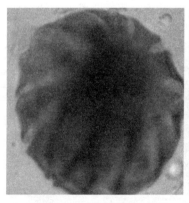 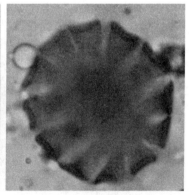

a) 芝麻花粉赤道面观形态(×400)　　　b) 芝麻花粉极面观形态(×400)

图 A.2　芝麻花粉颗粒在显微镜下的形态

A.5.3　荞麦（Fagopyrum esculentum）**花粉**

荞麦花粉为暗黄色。花粉颗粒呈长球形，表面有细网状雕纹，赤道面观为椭圆形，极面观为 3 裂圆形。极面观察可见三道明显萌发沟。极面直径约 44 μm，赤道面直径 31 μm。见图 A.3。

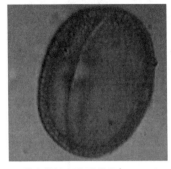 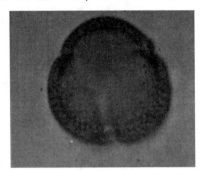

a) 荞麦花粉赤道面观形态（×100）　　　b) 荞麦花粉极面观形态（×100）

图 A.3　荞麦花粉颗粒在显微镜下的形态

A.5.4　向日葵（Helianthus annuus）**花粉**

向日葵花粉为橘黄色。花粉颗粒呈圆球形，赤道面观为椭圆形，极面观为 3 裂圆形，直径约为 35 μm。外壁有尖刺，刺长 3～5 μm。表面有 3 孔沟，间隔 5～10 μm。见图 A.4。

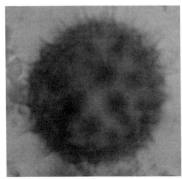 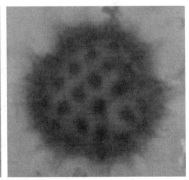

a) 向日葵花粉赤道面观形态（×400）　　　b) 向日葵花粉极面观形态（×400）

图 A.4　向日葵花粉颗粒在显微镜下的形态

A. 5. 5 玉米（Zea mays）花粉

玉米花粉为淡黄色。花粉颗粒呈近似球形，直径约 80 μm。外壁光滑，有一个圆的萌发孔。见图 A. 5。

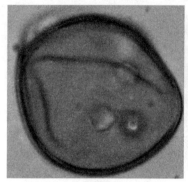 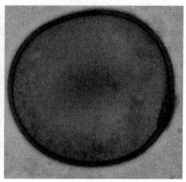

a) 玉米花粉赤道面观形态（×400）   b) 玉米花粉极面观形态（×400）

图 A. 5   玉米花粉颗粒在显微镜下的形态

A. 5. 6 紫云英（Astragalus sinicus）花粉

紫云英花粉为橘红色。花粉颗粒呈长球形，赤道面观长椭圆形，极面观为钝三角形或三裂片状。极面直径约 30 μm，赤道面直径约 20 μm，表面具细网状雕纹，有三孔沟。见图 A. 6。

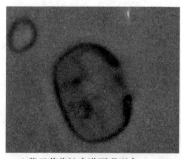 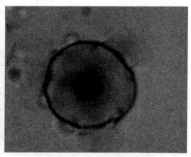

a) 紫云英花粉赤道面观形态（×400）   b) 紫云英花粉极面观形态（×400）

图 A. 6   紫云英花粉颗粒在显微镜下的形态

A.5.7 高粱（Sorghum bicolor）花粉

花粉为淡黄色。花粉颗粒呈球形，赤道面观圆形，极面观为钝三角形或三裂片状。极面直径约 30 μm，赤道面直径约 30 μm。表面细网状，有三孔沟。见图 A.7。

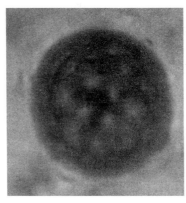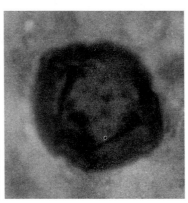

a) 高粱花粉赤道面观形态（×400）　　b) 高粱花粉极面观形态（×400）

图 A.7　高粱花粉颗粒在显微镜下的形态

A.6　结果计算

检测结果按式（A.1）计算：

$$X = \frac{a}{b} \times 100\%　\qquad (A.1)$$

式中：X——单一品种蜂花粉率，%；

a——该品种蜂花粉颗粒数，单位为粒；

b——试样蜂花粉颗粒总数，单位为粒。

参 考 文 献

房柱，1985. 花粉［M］北京：农业出版社.

葛凤晨，2004. 蜂产品治百病［M］长春：吉林科技出版社.

郭芳彬，2006. 花粉的神奇妙用［M］. 北京：中国农业出版社.

国家药典委员会编，2000. 中华人民共和国药典［M］. 北京：化学工业
　　出版社.

凌关庭，2004. 抗氧化食品与健康［M］. 北京：化学工业出版社.

刘富海，2010. 神奇蜜蜂王国及蜂产品疗法［M］. 北京：中国农业出版社.

刘进祖，2012. 健康长寿因子 蜂产品消费 600 问［M］. 北京：中国传媒
　　大学出版社.

马德风，梁诗魁，等，1993. 中国蜜粉源植物及其利用［M］. 北京：农
　　业出版社.

彭文君，张红城，2015. 蜂产品理论与应用研究进展［M］. 北京：中国
　　农业出版社.

钱伯初，等，1998. 花粉及其组分抗前列腺增生研究进展［J］. 中华泌尿
　　外科杂志.

上野突朗，1980. 花粉百话［M］. 王开发，等，译. 北京：北京大学出
　　版社.

王开发，等，1999. 花粉营养成分与花粉资源利用［M］. 上海：复旦大
　　学出版社.

王开发，等，2004. 花粉的功能与应用［M］. 北京：化学工业出版社.

王开发，张盛隆，支崇远，等，2002 花粉化妆品的应用和前景［J］. 香
　　料香精化妆品：（3）：42-43，49.

王开发，邹朝中，陆明，2001. 玉米花粉多糖抑制肿瘤细胞作用效应研
　　究［J］. 蜜蜂杂志：（3）：3-4.

王开发，1986. 花粉营养价值与食疗［M］. 北京：北京大学出版社.

王开发，2011. 我国 20 年来花粉药理药效研究进展［J］. 蜜蜂杂志：
　　（8）：4-5.

王维信，杜以文，2006. 油菜花粉面包的研制 ［J］. 现代食品科技：22
（4）：185-186.

徐景耀，等，1990. 蜜蜂花粉研究与利用 ［M］. 北京：中国医药科技出
版社.

颜继红，等，2005. 蜂产品深加工与配方技术 ［M］. 北京：中国农业科
学技术出版社.

叶世泰，等，1988. 中国气传和致敏花粉 ［M］. 北京：科学出版社.

叶振生，等，2004. 蜂产品深加工技术 ［M］. 北京：中国轻工业出版社.

张复兴，1998. 现代养蜂生产 ［M］. 北京：中国农业大学出版社.

张求顺，2009. 蜂产品医疗妙用 ［M］. 杭州：浙江大学出版社.

张中印，李建科，2009. 神奇的蜂产品 ［M］. 北京：农村读物出版社.

朱威，胡福良，李英华，等，2005. 花粉治疗前列腺增生的研究进展 ［J］.
蜜蜂杂志：（12）：8-10.

图书在版编目（CIP）数据

蜂花粉与人类健康 / 韩胜明，石艳丽编著 . —2 版 . —北京：中国农业出版社，2018.6（2024.6 重印）
（蜂产品与人类健康零距离/彭文君主编）
ISBN 978 - 7 - 109 - 22701 - 9

Ⅰ.①蜂…　Ⅱ.①韩…　②石…　Ⅲ.①蜂产品-花粉-保健-基本知识　Ⅳ.①S896.4

中国版本图书馆 CIP 数据核字（2017）第 002951 号

中国农业出版社出版
（北京市朝阳区麦子店街 18 号楼）
（邮政编码 100125）
丛书策划　刘博浩
责任编辑　王庆宁　张丽四　吕　睿

中农印务有限公司印刷　新华书店北京发行所发行
2018 年 6 月第 2 版　2024 年 6 月北京第 3 次印刷

开本：850mm×1168mm 1/32　印张：5
字数：143 千字
定价：22.00 元
（凡本版图书出现印刷、装订错误，请向出版社发行部调换）